地球大数据科学论丛　　郭华东　总主编

地球大数据支撑的南极冰盖冻融探测与时空变化分析

张　露　梁　栋　孔维栋　著

科学出版社
北　京

内 容 简 介

南极冰盖作为全球最大的冷源和全球变化的敏感指示器,其冻融过程是影响冰盖物质–能量平衡与稳定性的关键因素。本书聚焦南极冰盖表面冻融现象,系统集成并总结撰写团队近年来依托地球大数据平台在南极地区取得的研究成果,重点介绍基于海量遥感数据的时序冰盖冻融快速探测方法、南极冰盖多时空尺度冻融变化特征,以及冻融过程与气温、藻类等环境要素的关联关系等,以期为大时空尺度复杂数据处理和规律认知研究提供技术支持,并为评估冰盖稳定性、理解全球气候变化影响及促进可持续发展目标的实现提供科学支撑。

本书可供从事地球大数据和南极环境变化研究的科研工作者、相关政府部门管理者和决策者,以及相关专业高等院校师生参考阅读。

审图号:GS 京(2024)1924 号

图书在版编目(CIP)数据

地球大数据支撑的南极冰盖冻融探测与时空变化分析 / 张露,梁栋,孔维栋著. -- 北京 : 科学出版社,2025. 6. --(地球大数据科学论丛 / 郭华东总主编). -- ISBN 978-7-03-079708-7

Ⅰ. P343.6;P512.4

中国国家版本馆 CIP 数据核字第 2024RY5870 号

责任编辑:谢婉蓉 董 墨 赵 晶 / 责任校对:郝甜甜
责任印制:赵 博 / 封面设计:蓝正设计

科学出版社 出版
北京东黄城根北街 16 号
邮政编码:100717
http://www.sciencep.com
北京中科印刷有限公司印刷
科学出版社发行 各地新华书店经销
*
2025 年 6 月第 一 版 开本:720×1000 1/16
2025 年 10 月第二次印刷 印张:12 1/2
字数:297 000
定价:168.00 元
(如有印装质量问题,我社负责调换)

"地球大数据科学论丛" 序

  第二次工业革命的爆发，导致以文字为载体的数据量约每 10 年翻一番；从工业化时代进入信息化时代，数据量每 3 年翻一番。近年来，新一轮信息技术革命与人类社会活动交汇融合，半结构化、非结构化数据大量涌现，数据的产生已不受时间和空间的限制，引发了数据爆炸式增长，数据类型繁多且复杂，已经超越了传统数据管理系统和处理模式的能力范围，人类正在开启大数据时代新航程。

  当前，大数据已成为知识经济时代的战略高地，是国家和全球的新型战略资源。作为大数据重要组成部分的地球大数据，正成为地球科学一个新的领域前沿。地球大数据是基于对地观测数据又不唯对地观测数据的、具有空间属性的地球科学领域的大数据，主要产生于具有空间属性的大型科学实验装置、探测设备、传感器、社会经济观测及计算机模拟过程中，其一方面具有海量、多源、异构、多时相、多尺度、非平稳等大数据的一般性质，另一方面具有很强的时空关联和物理关联，具有数据生成方法和来源的可控性。

  地球大数据科学是自然科学、社会科学和工程学交叉融合的产物，基于地球大数据分析来系统研究地球系统的关联和耦合，即综合应用大数据、人工智能和云计算，将地球作为一个整体进行观测和研究，理解地球自然系统与人类社会系统间复杂的交互作用和发展演进过程，可为实现联合国可持续发展目标（SDGs）做出重要贡献。

  中国科学院充分认识到地球大数据的重要性，2018 年年初设立了 A 类战略性先导科技专项"地球大数据科学工程"（CASEarth），系统开展地球大数据理论、技术与应用研究。CASEarth 旨在促进和加速从单纯的地球数据系统和数据共享到数字地球数据集成系统的转变，促进全球范围内的数据、知识和经验分享，为科学发现、决策支持、知识传播提供支撑，为全球跨领域、跨学科协作提供解决方案。

  在资源日益短缺、环境不断恶化的背景下，人口、资源、环境和经济发展的矛盾凸显，可持续发展已经成为世界各国和联合国的共识。要实施可持续发展战略，保障人口、社会、资源、环境、经济的持续健康发展，可持续发展的能力建设至关重要。必须认识到这是一个地球空间、社会空间和知识空间的巨型复杂系统，亟须战略体系、新型机制、理论方法支撑来调查、分析、评估和决策。

一门独立的学科，必须能够开展深层次的、系统性的、能解决现实问题的探究，以及在此探究过程中形成系统的知识体系。地球大数据就是以数字化手段连接地球空间、社会空间和知识空间，构建一个数字化的信息框架，以复杂系统的思维方式，综合利用泛在感知、新一代空间信息基础设施技术、高性能计算、数据挖掘与人工智能、可视化与虚拟现实、数字孪生、区块链等技术方法，解决地球可持续发展问题。

"地球大数据科学论丛"是国内外首套系统总结地球大数据的专业论丛，将从理论研究、方法分析、技术探索以及应用实践等方面全面阐述地球大数据的研究进展。

地球大数据科学是一门年轻的学科，其发展未有穷期。感谢广大读者和学者对本论丛的关注，欢迎大家对本论丛提出批评与建议，携手建设在地球科学、空间科学和信息科学基础上发展起来的前沿交叉学科——地球大数据科学。让大数据之光照亮世界，让地球科学服务于人类可持续发展。

郭华东

中国科学院院士

地球大数据科学工程专项负责人

2020 年 12 月

序

当前，全球气候变化愈加剧烈，作为地球上最敏感、最脆弱的生态系统区域之一，南极深受全球气候变化的影响。南极冰盖的冻融过程，不仅与南极地区生态系统和气候环境息息相关，更是关乎全球气候系统稳定性和人类社会可持续发展的重大命题。

近年来，随着大数据研究的不断深入，地球大数据科学被提出并得到国际科技界的认可，为人类认知地球开辟了全新维度。作为自然科学、社会科学以及工程学交叉融合的产物，地球大数据以"数据驱动"重塑传统研究范式，对地球进行多维度、全方位、系统性观测与研究，理解地球自然系统与人类社会系统间复杂的交互作用和发展演进过程，正在成为认识地球的"新钥匙"和地球科学研究的"新引擎"。尤其在极地研究中，海量遥感数据的近实时获取与智能解析，使得我们得以捕捉冰盖表面冻融的细微脉动。这一技术革新，不仅为南极研究注入强劲动力，更为实现联合国可持续发展目标提供了不可或缺的科学支撑。

该书正是在这样的科学背景下问世的。其面向南极冰盖表面冻融研究需求，依托地球大数据，系统梳理了作者团队基于多源微波遥感数据的研究成果，创新性地构建了大范围、高时空分辨率的冰盖冻融探测方法体系，解析了冰盖冻融变化的多时空尺度演变特征，探索了南极冰盖冻融与气温波动、藻类生物量时空动态的耦合机制。这项研究不仅展现了我国在极地遥感领域的领先水平，更彰显了地球大数据科学在破解全球性难题中的独特价值。

该书是撰写团队共同努力的结晶。作者凭借在极地遥感领域拥有的丰富经验和知识，为该书提供了详实的观点和前沿研究成果。相信该书将为广大读者提供地球大数据应用领域的新思路和新方法，也将通过地球大数据应用案例，为公众理解全球环境挑战提供新视角。

展望未来，南极研究仍面临诸多挑战——从冰盖动力过程的多尺度耦合到冻融反馈机制的精准量化，无不呼唤智能感知技术与开放科学范式。该书不仅为相关研究提供了重要参考，其成果既是对已有工作的阶段性总结，更为后续研究奠定了新起点。期待该书能激发跨学科创新，培育极地研究新生力量；更希望它架起科学认知与公众行动的桥梁，在全球治理中谱写可持续发展新篇章。

中国科学院院士

地球大数据科学工程专项负责人

2024 年 7 月于北京

前　言

在遥远的南极，一个巨大而神秘的世界正在悄然发生着深刻的变化。南极冰盖，地球上最大的冰体之一，扮演着维持全球气候平衡的关键角色。然而，随着气候变化的不断发展，这片广袤的冰原正经历着前所未有的冻融变化，引发全球范围的担忧与关注。

南极大陆作为地球上唯一的净土，承载着丰富的自然资源与科学研究价值，在全球气候变化和人类社会可持续发展等重大议题中具有重要地位。南极对地球生态环境具有持久的影响，同时，南极洲拥有的大量未知领域和科学之谜有待探索。当前，南极科研活动日益频繁，我国在该领域的研究也蓬勃发展，这对于实现社会可持续发展、激发民族精神和展示国家综合实力具有重要的意义。

本书将带您深入探索这片神秘而充满魅力的土地。我们将站在科技的前沿，利用先进的地球大数据技术，揭示南极冰盖的秘密。这些数据，如同一组组珍贵的线索，帮助我们解锁南极冰盖的历史、现状和未来走向。

在探索的征程中，我们将从数据的源头出发，解析各类传感器和仪器如何捕捉南极冰盖的微小变化。卫星遥感技术使我们能够高分辨率地监测冰盖的表面运动和形态变化。我们将观察冰盖的冻结与融化，深入了解其背后的物理和化学机制。我们将看到，小小的雪藻和冰藻如何与气温和冻融奏出一曲交响乐。借助地球大数据，我们将目光投向广袤的南极大陆，捕捉那些微小而又关键的变化。

这本书不仅仅是对南极冰盖的科学探索，更是对人类自身与自然息息相关的探问。冰盖的变化如何影响全球气候格局？海平面的上升将如何威胁着我们的生活？这些问题的答案蕴含在南极冰盖的冻融之中。我们左手握着冰雪融化探测的利器——微波遥感，在南极获取了海量的数据宝藏；而右手持着海量地球观测数据的快速处理和分析支持的法宝——地球大数据，帮助我们更清晰地认识这个复杂的世界。在微波遥感技术和地球大数据分析方法的帮助下，全球变化对南极冰盖环境影响的研究逐渐深入，其为提升人类应对全球变化的能力、实现可持续发展目标作出贡献。

本书共 8 章。第 1 章 "绪论" 介绍了南极概况及南极表面冰盖冻融探测的重要性，阐释了遥感技术和地球大数据科学与应用快速发展背景下南极冰盖冻融变化研究的契机与挑战；第 2 章"地球大数据及时空分析方法"主要介绍了地球大数据支撑下，南极冰盖研究的各种数据及方法；第 3 章"极地冰盖冻融微波遥感机理"介绍了微波遥感原理与技术，以及常见的微波遥感卫星及其数据产品，为本书后续章节的研究提供数据支持；第 4 章"时序 SAR 冰盖冻融探测"介绍了基于地球大数据的海量时序 SAR 数据快速获取及批处理方法，提出了时序洲际尺度南极冰盖多要素信息快速探测模型；第 5 章"南极冰盖冻融时空变化分析"分别从洲际尺度和区域尺度分析 2015 年以来南极冰盖融化面积时序变化，同时从地球大数据角度分析了南极冰盖冻融时空变化特征；第 6 章"冻融与气温的时空关联关系分析"基于南极实地气温数据和微波辐射计冻融数据，研究南极典型区域冻融与气温的关联关系；第 7 章"冻融与藻类时空关联关系分析"介绍了极地雪冰藻类与微生物的类型及生长特点和时序变化，探索了南极冰盖冻融情况与南极雪藻生长趋势的关联性；第 8 章"思考与展望"指出在地球大数据时代，南极冰盖冻融研究正迎来前所未有的新局面，应继续深化对南极冰盖变化过程和机制的理解，为实现可持续发展目标提供科学支持、政策指导和社会动力。

本书的研究工作得到了中国科学院 A 类战略性先导科技专项"地球大数据科学工程"项目七"时空三极环境"（XDA19070000）、国家自然科学基金项目（41876226）的资助。本书的构思和编写，承蒙郭华东院士、李新、程晓、贾根锁、李新武、陈杰、李超伦、林舸等专家的悉心指导。第一作者由可持续发展大数据国际研究中心、中国科学院空天信息创新研究院张露研究员担任。梁栋、孔维栋、朱琦、刘一鸣、苟依婷、吕卓然、耿雅琦、窦新玉、金音、杜小冰等负责各章撰写、修改和校正。本书的相关研究得到地球大数据工程专项项目总体组和专家组的指导和支持，并得到了"地球大数据科学论丛"项目的资助。支持和指导我们研究工作的领导、专家、学者和朋友还有很多，在此一并致谢！书中难免存在疏漏之处，恳请读者朋友们批评指正。

作　者

2024 年 7 月于北京

目 录

第 1 章

绪 论

本章导读 南极大陆是人类最晚发现的大陆，是世界上唯一的净土，储存着丰富的自然资源，同时也具有独特的科学研究价值，保留了大量未知领域和科学之谜有待探索。

南极洲表面降雪经长期积累形成巨大的冰盖，覆盖了南极大陆绝大部分地区，是全球变化重要的指示剂。南极冰盖冻融对于南极冰盖的物质-能量平衡具有重要影响，深入开展南极冰盖冻融探测和时空变化分析研究，认识冰盖冻融与气温等气候因素之间的关联关系，已经成为南极研究的热点之一。

以合成孔径雷达、微波辐射计、微波散射计为代表的微波遥感已经成为冰盖冻融重要的探测手段，近年来遥感技术和地球大数据科学与应用的快速发展，为长时序、大范围、高分辨率南极冰盖冻融变化研究带来了新的契机。

1.1 南 极 概 况

南极地区包括南极洲（Antarctica）和南大洋，一般是指 60°S 以南的地区，如图 1.1 所示。南极洲由大陆、冰架和岛屿组成，总面积约 1405.1 万 km^2，约占地球陆地面积的 9.4%，其中大陆面积 1239.3 万 km^2，岛屿面积 7.6 万 km^2，陆缘冰面积 158.2 万 km^2。南极洲覆盖有奇寒和亘古不化的冰雪，98%的南极地表终年被平均厚度超过 2160 m 的冰层所覆盖（孙启振，2021），最厚处达 4000 m 以上。环绕南极洲的海洋有南太平洋、南大西洋和南印度洋，它们统称为南大洋，其面积为 3800 万 km^2，肆虐的西风带一直使南极大陆处于恶劣的气候环境之下，南极洲由此成为人类最晚发现的大陆，也是地球上最寒冷、风暴最大、平均海拔最高、最干燥、最孤独的大陆。

南极大陆的形态像一个逗号，以南极点为中心，向东 75° 偏移，尾巴甩向西北。整个南极多山脉、岛屿，平均海拔为 2350 m，最高点玛丽·伯德地的文森山海拔 5140 m。南极大陆主要边缘海中属于南太平洋的有别林斯高晋海、罗斯海、阿蒙森海，属于南大西洋的有威德尔海等，属于南印度洋的有戴维斯海等。主要岛屿有奥克兰群岛、布韦岛、南设得兰群岛、南奥克尼群岛、阿德莱德岛、亚历山大岛、彼得一世岛、南乔治亚岛、爱德华王子群岛、南桑威奇群岛等。

横贯南极的山脉将南极大陆分为两部分，即东南极和西南极，东南极面积为西南极面积的 4 倍。东南极为古老的地盾和准平原，横贯南极山脉绵延于地盾的边缘，东南极海拔较高，气温比西南极要低，气温随海拔、地形和离海岸的距离而变化；西南极为一褶皱带，表现为南极半岛（Antarctic Peninsula）和一些群岛，在褶皱带的边缘地区分布有许多活火山。东西两部分之间有一沉陷地带，从罗斯海一直延伸到威德尔海。

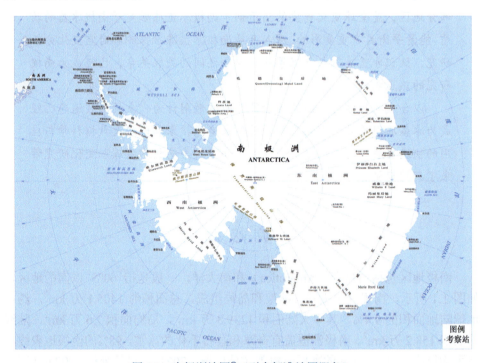

图 1.1　南极洲地图①（引自标准地图服务）

---

① http://bzdt.ch.mnr.gov.cn/browse.html?picId=%224o28b0625501ad13015501ad2bfc2199%22.

南极大陆储存着丰富的自然资源，主要包括淡水资源、矿产资源和生物资源。地球上 90% 的冰都存在于南极，因此地球上 72% 的淡水在南极。南极大陆及其外围的大陆架蕴藏着丰富的矿产资源，有煤、石油、天然气、铂、铀、铁等 220 余种，主要分布在东南极洲、南极半岛和沿海岛屿地区。维多利亚地有大面积煤田，南部有金、银和石墨矿，整个西部大陆架的石油、天然气均很丰富，查尔斯王子山发现有巨大铁矿带，乔治五世海岸蕴藏有锡、铅、锑、钼、锌、铜等，南极半岛中央部分有锰矿和铜矿，沿海的阿斯普兰岛有镍、钴、铬等矿，南桑威奇群岛和埃里伯斯火山储有硫黄。南极是世界上最大的铁矿储藏地区，位于东南极大陆的铁矿蕴藏丰富，含铁品位高，有"南极铁山"之称，为世界之最；世界上最大的煤田——南极大陆二叠纪煤层广泛分布于东南极洲的冰盖（ice sheet）下，储藏量约达 5000 亿 t。

南大洋环绕南极大陆的四周，在这一冰冷的水域中形成了具有数千万年历史的独特生态系统和大量的海洋生物，具有十分丰富的海洋生物资源，有磷虾、企鹅、海豹、飞鸟、海狮、鲸类和鱼类等。在南极这片洪荒之地，某些特有的动物、植物和微生物在南极极端的生存环境中，不断地繁衍生息，充分显示出物种的极强适应性。然而，南极独特的地理与气候特征形成了严酷、纯洁而又极为敏感、脆弱和极易受到破坏的自然与生态环境，其中南极大陆沿海地带是南极海、陆、冰的交集带，它同时受到来自海洋、大陆冰以及人类活动的影响，其环境因子复杂多变，是南极生态环境最脆弱的环节（庞小平等，2006）。

作为驱动全球大气和大洋水体循环的冷源，南极在全球气候变化、生态环境以及人类社会的可持续发展等重大问题上扮演着关键的角色。南极冰芯中储存着过去数十万年地球气候与环境变化的信息，为人类对地球的研究提供了宝贵的数据资源，南极大陆因此成为自然科学研究的数据宝库和天然实验室。对南极开展研究，了解该地区的变化趋势及其与全球其他地区的相互联系和影响，就显得尤为迫切。在自然科学研究中，南极仍是一个不可忽视的区域，其研究和观测活动对于人类认识地球环境的演变历史及预测其未来演进过程，变得愈发重要。南极科学的重大贡献，就是通过科学考察与研究来保护人类赖以生存的自然环境和为人类社会创造更美好的未来（凌晓良等，2005）。

1.2 南极冰盖冻融研究的重要性

1.2.1 南极冰盖及其变化

南极洲表面降雪经长期积累形成巨大的冰盖,覆盖了南极大陆绝大部分地区。冰盖是指面积大于 $5 \times 10^4 \ km^2$ 的巨大冰川体,不受地形约束,属于陆地冰川类型。

南极冰盖的形成发育与气候相关，其巨大的体量使其变化成为影响大洋环流和海平面升降的重要因素之一（秦大河，2017）。例如，在末次冰期（时间为 7~1.17 Ma B.P.）最盛期（2.1 Ma B.P.），全球温度平均降低约 10℃，南极冰盖大幅度扩张，其间由于大量海水输送到大陆成为冰盖、冰川，致使海平面较现在低 130~150 m，大陆架广泛出露（秦大河，2017）。目前的研究结果表明，南极冰盖存储的水量可使全球海平面上升约 58 m（Shepherd et al.，2018），巨大的冷储和相变潜热使其成为全球变化研究中最受关注的研究对象之一（郭华东，2014）。

温室气体是影响气候以及南极冰盖变化的重要因素之一。工业革命后地球进入人类世（Laurance，2019），随着人口的增长、经济的发展和社会的进步，温室气体排放总量也随之增加。根据美国国家海洋和大气管理局（National Oceanic and Atmospheric Administration，NOAA）地球系统研究实验室（Earth System Research Laboratories，ESRL）和全球监测实验室（Global Monitoring Laboratory，GML）发布的数据，自 1980 年以来，全球大气二氧化碳浓度持续增长，至 2023 年 5 月，全球大气二氧化碳月平均浓度达到 420.50ppm[①]（1 ppm = 10^{-6}），如图 1.2 所示。

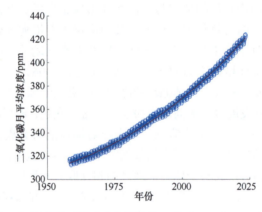

图 1.2　全球大气二氧化碳月平均浓度变化趋势（基于 NOAA ESRL GML 数据绘制）

温室气体的持续增加正导致全球气候变暖（IPCC，2018），也必将引起南极冰盖的变化。2019 年，联合国政府间气候变化专门委员会（Intergovernmental Panel on Climate Change，IPCC）发布的《气候变化中的海洋和冰冻圈特别报告》（Special Report on the Ocean and Cryosphere in a Changing Climate，SROCC）指出，全球气候变暖已导致冰盖出现物质损失，其中 2006~2015 年，南极冰盖的物质损失平均速度为（155 ± 19）Gt/a［（0.43 ± 0.05）mm/a］（IPCC，2019）。同年，《美国国家科学院院刊》（Proceedings of the National Academy of Sciences of

① https://gml.noaa.gov/ccgg/trends/global.html.

the United States of America）发文指出（Rignot et al.，2019），1979～2017 年，南极冰川融化速度较 40 年前快约 5 倍，直接导致全球平均海平面上升约 13 mm。美国国家航空航天局（National Aeronautics and Space Administration，NASA）全球气候变化（Global Climate Change）网站发布的数据显示（图 1.3）[①]，2002 年以来，南极冰盖物质损失显著，损失量在 2021 年 1 月 15 日达到最大，为 2861.3 Gt，此后，南极冰盖物质量开始少许恢复，至 2023 年 5 月 15 日，物质量已增加了 549.2 Gt。南极冰盖物质损失的主要驱动因素是大气温度升高和海洋温度升高（Slater et al.，2021）。2020 年 3 月，*Science* 发布南极专刊（Smith，2020），对南极冰盖形成的地质过程、冰盖与海洋相互作用机理、南极冰盖冻融趋势等进行了深入探讨。研究指出，近 20 年来，南极冰盖物质损失正在加剧，尽管近几年有所缓和，如果不采取行动，持续的冰盖物质量损失将会导致全球海平面上升（Pattyn and Morlighem，2020）。

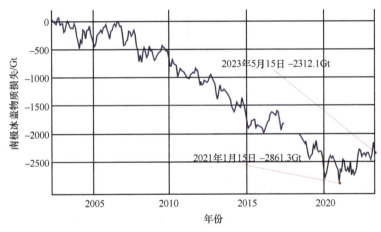

图 1.3　2002 年 4 月 16 日～2023 年 5 月 15 日南极冰盖物质损失变化趋势
基于 NASA 全球气候变化网站数据绘制

1.2.2　南极冰盖表面融化现象及影响

南极冰盖常年被积雪覆盖，表面积雪在吸收了足够热量后会融化，由固态转变为液态。积雪融化的热量来自太阳辐射（solar radiation）、地面辐射（ground radiation），以及热传导或者温度超过 0 ℃的降雨。南极冰盖融化主要由太阳辐射导致，焚风或下降风引起的升温效应也可以导致局部融化（Datta et al.，2019）；南极降雨极少，由于没有很好的探测手段，由降雨引起的融化尚无观测数据。

---

① https://climate.nasa.gov/vital-signs/ice-sheets/.

南极冰盖的融化主要发生在南半球的夏季，纬度越低的区域，融化开始时间越早，且融化结束时间越晚。通常来说，南极半岛的北部及部分沿海地区首先开始融化，然后逐步向较高纬度地区推进；在 12 月末和 1 月初，气温达到峰值，南极冰盖的融化面积也迅速扩大，融化产生的融水在南极冰盖边缘地区聚集，形成冰面湖。当夏季结束时，融化现象减弱，融化面积缩小，融水重新冻结在雪层中；进入冬季后，南极气温普遍较低，除南极半岛周边会因焚风等因素局部融化外，其他区域少有融化。南极冰盖融化受到多种因素影响，包括纬度、海拔等因素。低纬度地区的太阳辐射更集中、强度更大，因此位于低纬度地区的南极冰盖融化较高纬度地区更加剧烈。在同一纬度下，低海拔地区较高海拔地区温度高，南极冰盖更易于融化。另外，局部地形及环流因子也是影响南极冰盖融化的重要因素（国家遥感中心，2020）。

总之，南极冰盖冻融对于南极冰盖的物质–能量平衡具有重要影响，是全球变化的指示器（Guo et al.，2019）。冰盖融化产生的融水主要通过三种方式对冰盖产生影响：①融水形成径流并导致冰盖变薄；②融水垂直向冰下传输，改变冰盖底部的热力和水文状态；③融水注入冰裂隙并促进裂隙向下扩展，融水形成的冰面湖对冰架产生压力引起冰架弯曲开裂，最终造成冰架崩解（Hanna et al.，2013）。此外，融化形成的湿雪的表面反照率远低于干雪，其能吸收更多太阳辐射，进一步促进融化。

1.2.3　南极冰盖表面冻融探测

南极自然环境恶劣，气候观测资料和实地积雪观测资料十分稀少，遥感成为大范围监测南极冰盖冻融的有效手段。冰盖融化的液态水使雪层的介电常数和几何结构等物理属性发生变化，微波遥感对此具有独特的探测优势（李新等，2020）。

当前，冰盖冻融信息的获取主要依赖于微波辐射计(microwave radiometer)和微波散射计(microwave scatterometer)数据，研究人员已开展了较多的冰盖冻融探测的方法和应用研究，并已经取得了丰硕的成果。微波辐射计和微波散射计获取了过去几十年间日分辨率的南极冻融产品，是目前最重要的南极冻融产品数据源，为南极冻融长期监测提供了宝贵的数据支撑。合成孔径雷达(synthetic aperture radar，SAR)是获取冰盖高分辨率冻融信息的重要手段。然而，早期 SAR 在南极地区覆盖能力较低、数据重复获取周期较长，以及处理资源需求巨大，限制了基于 SAR 开展大尺度冰盖冻融探测研究的开展。

近年来，SAR 技术快速发展，现已具备了获取覆盖南极超宽幅高分辨率数据的能力。例如，欧洲航天局（European Space Agency，ESA）的哨兵 1 号（Sentinel-1）

A/B 系列 SAR 卫星的超宽幅（extra wide swath，EW）模式，数据幅宽已达 410 km，空间分辨率为 20 m × 40 m，A、B 双星每月可多次覆盖环南极冰盖冻融区，并获取了大量的历史观测数据（Liang et al.，2021a）。我国的高分三号 SAR（C 波段）以及 2022 年 1 月发射的陆地探测一号 01 组 A 星 SAR（L 波段）也具备了高分宽幅及时序观测能力；其中，后者最高分辨率为 3 m，最大观测幅宽可达 400 km，同时具备单星 8 天、双星 4 天的重复轨道观测能力。更多的高分宽幅 SAR 卫星的出现，为高分辨率南极冰盖研究提供了有力的海量数据支持。更重要的是，伴随地球大数据时代的到来，针对这些海量数据集强大的处理、模拟与分析、信息挖掘与规律认知能力逐渐形成，具有代表性的平台有美国的谷歌公司（Google）开发的谷歌地球引擎（Google Earth Engine，GEE），以及中国的可持续发展大数据国际研究中心（International Research Center of Big Data for Sustainable Development Goals，CBAS）依托中国科学院 A 类战略性先导科技专项"地球大数据科学工程"（Big Earth Data Science Engineering Program，CASEarth）建设的地球大数据云服务平台等。这些平台有效地支撑了利用地球大数据开展南极冰盖冻融时空变化规律，以及其与多圈层要素相互作用机理的研究。

综上所述，全球气候变暖导致南极增温，南极冰盖融化加剧，冰盖和冰架的稳定性下降，直至崩塌融化，进而引起全球海平面上升，对全球气候和环境产生影响（李新等，2021）。此外，南极增温还会导致极端天气事件的发生频率和强度增加，影响局地乃至全球环境和物种变化，严重制约可持续发展目标的实现。因此，基于以 SAR 为代表的南极地区海量微波数据，深入研究全球变化对南极冰盖环境的影响，尤其是对环南极冰盖冻融的影响，认识冰盖冻融与气温等气候因素之间的关联性，对于理解全球变化背景下极地环境变化与高纬、高寒气候变化的联动效应，提升人类应对全球变化的能力十分必要。相关研究成果不仅能够提升我国在大时空尺度复杂数据处理和规律认知应用中的研究水平，而且对于提升我国应对环境变化和极端气候的能力、助力 SDGs 实现具有重要意义。

1.3　国内外研究发展态势

1.3.1　南极冰盖变化研究态势

南极冰盖对全球变化研究具有重要的意义。国内外一些研究人员从南极冰盖万年尺度长期变化、南极冰盖物质平衡、南极冰盖冰架稳定性、影响南极冰盖变化的气候环境因素，以及南极冰盖变化对未来的影响等多方面开展了研究。

1. 南极冰盖万年尺度长期变化研究

针对南极冰盖万年尺度长期变化研究，相关学者研究发现，目前，地球处在第四次冰期结束后的间冰期，并逐渐进入下一次冰期，但人类世的高二氧化碳强迫给未来气候变化增加了许多不确定性（Yan et al.，2019）。通过西南极的阿蒙森海（Amundsen Sea）地区地壳运动的大地测量数据和过去一万年冰盖演化模型，发现固体地球的运动对南极冰盖稳定性具有提升作用（Larour et al.，2019），阿蒙森海地区地壳隆起有助于减缓接地线后撤，从而提升冰盖稳定性，减少物质损失，以思韦茨冰川（Thwaites Glacier）为例，其物质损失可延迟约 20 年。

2. 南极冰盖物质平衡研究

针对南极冰盖物质平衡研究，多种遥感技术已经被用于观测、量化得到南极冰盖的变化情况（Bell and Seroussi，2020）。利用 GRACE 重力卫星数据，发现 2002～2017 年，南极冰盖物质损失主要发生在西南极阿蒙森海和别林斯高晋海（Bellingshausen Sea）沿岸。利用近 40 年的光学卫星影像，通过分析冰盖终端位置研究冰盖变化，Miles 等（2016）发现，1974～1990 年，大部分冰盖前缘呈退缩趋势，1990～2012 年，各冰盖边缘整体呈扩展趋势，但是 2000～2012 年，威尔克斯地冰盖出现严重消退，并推测，出现此异常情况与海冰减少和海洋分层有相关性。利用卫星高度计（satellite altimeter）数据，发现西南极的阿蒙森海、别林斯高晋海以及东南极的威尔克斯地（Wilkes Land），海拔在 25 年间下降明显，与之相反，由于降雪量的增加，东南极边缘的一些地区海拔正在增加。此外，高度计可以用来监测冰盖接地线的变化，Konrad 等（2018）观测到 2010～2016 年，西南极、东南极和南极半岛分别有 22%、3% 和 10% 的接地线以 25m/a 的速度后撤，使得南极大陆损失了（1463 ± 791）km^2 的接地冰区，接地线后撤速度最快的地区是阿蒙森海附近，由于海洋强迫减弱，松岛冰川（Pine Island Glacier）接地线已基本保持稳定。利用 SAR 数据干涉技术（interferometric）和斑点跟踪技术可以探测到冰盖表面冰流速信息。冰盖质量平衡相互比对试验（ice sheet mass balance inter-comparison exercise，IMBIE）团队将卫星观测的体积、流量和引力变化的结果与表面物质平衡模型相结合，发现 1992～2017 年南极有（2720±1390）Gt 物质损失，相当于平均海平面上升了（7.6±3.9）mm。其间，海洋驱动的融化导致西南极的物质损失速率从每年（53±29）Gt 增加到每年（159±26）Gt，冰架崩塌使南极半岛的物质损失率从每年的（7±13）Gt 增加到每年的（33±16）Gt（Shepherd et al.，2018）。

此外，一些学者研究了冰盖表面融化和漂浮冰架对冰盖物质的影响。Kingslake 等（2017）基于 1973 年以后的卫星图像和 1947 年以后的航空摄影图像，研究了南极冰盖地表排水轨迹,发现随着冰盖融化加速,大规模的地表排水可能会把水输送到易坍塌的冰架地区,表明在气候变暖的背景下,地表排水能力的增强可能会加速南极冰盖未来的物质损失。Paolo等(2018)研究发现,环绕南极冰盖的漂浮冰架可抑制冰盖的运动,然而冰架变薄会削弱这种效应,导致向海洋的冰输出增加。平均冰架体积变化从1994~2003年每年约(25±64)km³的微不足道损失加速到2003~2012年每年约(310±74)km³的快速损失。这10年,西南极冰架的损失增加了约70%,而东极冰架早先的体积增加则停止了。在阿蒙森和别林斯高晋地区,一些冰架在不到20年的时间里损失了多达18%的厚度。

3. 南极冰盖冰架稳定性研究

在南极冰盖和冰架稳定性研究方面。Dow等(2018)提出了冰架失稳的机制,指出温暖的海水导致冰架变薄、稳定性减弱并形成裂缝,而裂缝垂直于海水流动方向导致冰架横向断裂。该研究表明,2016年位于罗斯海的南森冰架(Nansen Ice Shelf)发生的冰架坍塌事件就是基于此机制导致的,并证明类似的海水驱动的横向裂缝在格陵兰岛和南极其他地方也普遍存在,如果海洋温度和大气温度上升导致基底和表面融化增加,冰架将越来越容易受到基底水道不稳定的串联效应的影响。Jenkins等(2018)研究发现,南极冰盖融化程度与大气温度变化呈非线性关系,证明西南极冰盖对其边缘的海洋条件高度敏感,其冰盖的脆弱性与海洋温度有较高的相关性;同时,模型结果和实地观测结果一致表明,大陆架上的风是温跃层深度变化的主要驱动因素,可影响整个阿蒙森海东部的融化强度。Datta等(2019)指出,融化积水是南极半岛东北部地区冰架坍塌和冰川支流加速运动的主要影响因素。该区域冰盖融化受西风强度和频率的影响,以致形成分散的焚风。研究利用区域气候模型和被动微波数据估算1982~2017年焚风频率的变化以及融雪、密度和融水渗流深度的相关影响,结果显示,自2015年以来,在融化季节后期大量的焚风诱导融化出现,导致近地表积雪的复合致密化,潜在影响冰架稳定性。Wille等(2019)利用大气河识别算法和南极冰盖融化数据集,开展西南极融化异常事件研究。研究发现,大气河与冰盖融化具有高度的相关性。西南极冰盖融化异常现象并不常见,但1~2℃的升温和大气河流动的持续增加可能会增加冰盖异常融化频率。Lai等(2020)指出,大气变暖导致冰盖表面融化加剧,水裂压升高,融水流入冰裂缝,降低冰架稳定性,甚至导致崩塌。研究通过深度卷积神经网络(deep convolutional neural network,DCNN)绘制了所有南极冰架裂缝表面;建立裂缝稳定性分类,预测当前应力条件下基底裂缝和表面裂缝的形成位置;利用线弹性断裂力学理论预测充水后地表裂缝的不稳定性。研究表明,南极冰盖和冰架多个支撑区处于脆弱状态。

4. 影响南极冰盖变化气候环境因素研究

一些研究人员也对影响南极冰盖变化的气候环境等因素展开了研究。Steig 等（2009）发现，近几十年来南极半岛气候变暖显著，但南极内部却出现小幅降温。研究显示，西南极的大部分地区出现显著变暖的情况，南极整体温度有逐年升高的趋势。这种温度变化的模式与西风强度的增加有关。Ding 等（2011）利用南极表面大气温度和全球海洋表面温度的观测数据，以及大气环流数据，发现西南极大陆变暖与热带太平洋的海洋表面温度变化有关。在过去 30 年里，热带太平洋中部的海面温度异常引起大气罗斯贝波（Rossby wave）响应，影响了阿蒙森海上空的大气环流，导致暖空气向南极大陆的平流增加。热带海洋表面温度的上升可能通过影响高纬度地区的大气环流，进而导致西南极变暖。Hsu 等（2021）研究指出，虽然西南极经历了显著变暖，但 1979~2014 年，东南极却观测到夏季的变冷趋势。先前的研究将这些变化归因于高纬度大气动力学、平流层臭氧变化和热带海洋表面温度异常，但该研究发现，在东南极观测到的夏季降温趋势中，20%~40%由马登–朱利安振荡（Madden-Julian Oscillation，MJO）的年代际异常导致。Jun 等（2020）指出，西南极的变暖趋势比东南极明显，这可能在南极变暖程度的差异中发挥作用。此外，强厄尔尼诺（El Niño）现象会造成南极冰架冰层损失，而在强拉尼娜（La Niña）现象下则相反（Paolo et al.，2018）。该研究还发现，虽然厄尔尼诺现象改变了西南极的风力模式，促使暖流流向冰架，加剧融化，但是也导致降雪增加。对阿蒙森海附近的冰架进行的时长 23 年的观测发现，冰架高度平均每年减少 20 cm，共计约 4.6 m；1997~1998 年，强厄尔尼诺现象反而使冰架的高度增加了 25 cm。

5. 南极冰盖变化的影响研究

南极冰盖变化如何影响未来气候也是研究的热点。通过对极地适应区域气候模型的研究和卫星观测手段的帮助，学者们量化了冰盖融化和夏季气温之间的非线性关系。并结合观测和多模式模拟，研究南极半岛冰架崩塌前的融化过程；研究预测到 2050 年，整个南极冰盖融化现象将会加剧；到 2100 年，南极半岛东北部的冰架融化程度将接近或超过历史上最大强度（Trusel et al.，2015）。利用南极冰盖加速融化对未来气候影响的新气候模型开展研究，指出未来南极冰盖融化和海冰排放的变化将对区域性和全球气候产生重大影响（Sadai et al.，2020）。研究发现，当全球平均气温比工业化前高出约 2℃时，冰盖稳定性开始下降，西南极将面临局部崩塌。当全球平均气温比工业化前升高 6~9℃时，将导致 70%以上的物质损失。当全球平均气温比工业化前上升 10℃时，南极冰盖将有消失的可能

（Garbe et al.，2020）。研究认为，南极冰盖大部分区域位于海平面以下，容易受到动力不稳定性的影响，导致接地线后撤。通过冰盖–冰架模型模拟发现，在全球平均气温上升 3℃后，南极冰盖物质损失加快；到 2100 年，海平面每年上升约0.5 cm（DeConto et al.，2021）。利用统计力学和冰盖模拟数据，预测南极冰盖融化对海平面上升的影响：在海平面上升的预测中，气候变化可能会导致显著的不确定性，应开展集成研究，以量化不确定性的范围（Robel et al.，2019）。

综上所述，全球变化正在导致南极冰盖融化加速、物质损失加剧、异常融化频率增加，预计在未来几十年和几百年的时间尺度内，南极洲的冰储量会逐年减少，冰盖的流失很可能会继续，并导致海平面上升。深入研究南极冰盖变化，尤其是冰盖冻融这一影响冰盖物质平衡、稳定性，且与南极周边气候密切相关的关键因素，分析其时空特征，发掘其与气候变化的响应机制，是目前全球变化研究的一个重要方向。

1.3.2　极地冰盖表面冻融遥感探测方法研究态势

微波遥感是在传感器接收地物辐射或散射的微波信号的基础上，经分析来提取和识别地物信息的技术，具有全天候的工作能力（郭华东，2000），而且对冰雪的介电特性、几何特征等十分敏感（李新等，2020）。冰雪融化会使其液态水含量增加，少量的水含量增加就能引起其介电特性的剧烈变化，因此微波遥感是探测冰雪融化的重要手段，已经在极地冰盖研究中得到了广泛的应用。

微波遥感主要包括 SAR、微波辐射计、微波散射计和雷达高度计等传感器。微波辐射计能够被动地获取地物的微波辐射亮度温度（简称亮温，brightness temperature），微波散射计与 SAR 则可以主动地获取地物的后向散射截面/系数（backscattering cross section/coefficient）和相位信息，这些信息都是冰盖冻融探测中重要的观测物理量（Joshi et al.，2001；Liang et al.，2013；梁雷等，2013；Wang et al.，2018）。

1. 微波辐射计冻融探测研究方法

自 1979 年起，微波辐射计就开始用于全球探测，通过接收地面地物的微波辐射信号，记录地物的亮温。针对极地冰盖，早期 Mote 等（1993）基于专用微波成像仪（special sensor microwave/image，SSM/I）数据开展了北极格陵兰冰盖冻融探测方法研究，通过构建四个通道（19 GHz 水平极化、19 GHz 垂直极化、37 GHz 水平极化、37 GHz 垂直极化）的亮温时间序列，进行融化信号检测。结果显示，19 GHz 垂直极化亮温数据在冬季和夏季平均值差异最大，且在融化期的标准差最小，是极地冰盖融化状态的优先选择通道，研究也证明了微波辐射计在极地冰盖融化研究中的可行性。同期，Steffen 等（1993）探索了先进甚高分辨率辐射计（advanced very high resolution radiometer，AVHRR）在冰雪研究中的可行性，提出了 AVHRR 的全球区域覆盖（global area coverage，GAC）数据可用于长期冰雪表面反照率研究。

随后，多种判断冰盖冻融状态的方法被提出。Jay Zwally 和 Fiegles（1994）使用扫描式多通道微波辐射计（scanning multichannel microwave radiometer，SSMR）研究南极冰盖融化问题，并通过设置亮温阈值区分是否融化。该研究发现，尽管水平极化和垂直极化下湿雪的发射率几乎相等，但水平极化下，干雪的发射率明显低于垂直极化。因此，该研究选用水平极化亮温数据，通过每年亮温平均值与夏季亮温平均值比较，确定阈值为 30 K，即当某日亮温与每年亮温平均值的差值超过 30 K，即认为融化出现。Anderson 等（1997）也利用 SSM/I 数据的 19GHz 和 37GHz 水平极化亮温的差异，开发了针对北极海冰的探测方法，效果显著。Ashcraft 和 Long（2005）进一步利用 SSM/I 收集的观测数据，发现 SSM/I 通道比率对融化和冻结现象很敏感，水平极化与垂直极化比对与融化相关的表面湿度敏感，19 GHz 和 37 GHz 的频率比对湿雪上的冻结表层敏感，亮温的极化比和频率比可以单独使用或组合使用，以增加冻融状态判断准确度。

亮温梯度比（gradient ratio，GR）也被证明可以应用于冰盖冻融研究。Steffen 等（1993）基于上述两种数据，提出了 19 GHz 和 37 GHz 水平极化亮温数据的梯度比来判断格陵兰冰盖冻融的方法，发现当 GR 为 0.025 时，可有效区分湿雪和干雪。在梯度比基础上，Abdalati 和 Steffen（1997，1995）还考虑了湿雪对不同频率和极化的不同响应，着重分析了极化方式选择在该领域的作用，利用 SSM/I 数据的 19 GHz 水平极化亮温和 37 GHz 垂直极化亮温间的归一化差异，计算交叉极化梯度比（cross-polarized gradient ratio，XPGR），并确定 XPGR 阈值为 -0.025，该方法用于对干雪和湿雪的分类，并用于格陵兰冰盖融化面积的季节性和年际变化研究。此后，研究者多次改进 XPGR 算法，如梁雷等（2013）利用 SMMR、SSM/I 和专用传感器微波成像仪/探测仪（special sensor microwave imager sounder，SSMIS）数据，使用广义高斯模型替代了双高斯模式的改进算法，实现了最佳阈值的自动获取，改进的小波变换算法结果修正了南极内陆出现融化的错误。王星东等（2014）针对 XPGR 算法中阈值设定需要长期实测数据支撑的问题，提出将 XPGR 算法与小波变化算法相结合的南极冰盖冻融探测方法研究，提高了适用性。

融化开始和结束时间是研究极地冰盖的重要信息，Joshi 等（2001）利用 SSM/I 和 SMMR 的 18 GHz 垂直极化和 19 GHz 垂直极化亮温数据，开发了基于高斯导数的边缘检测算法，该算法根据年度亮温时间序列的第一个向上边缘及最后一个向下边缘的时间点，估算融化的持续时间。在此基础上，为解决高斯导数难以区分噪声扰动问题，Liu 等（2005）开发了基于小波算法的冰盖冻融探测模型，通过方差分析和双峰高斯曲线拟合，统计确定最佳边缘强度阈值，以区分真正的融化边缘和由噪声扰动和其他非融化过程引起的弱边缘。

此外，结合多种数据源的长时序冻融变化研究也被开展。Picard 和 Fily（2006）结合 3 种 SSM/I 传感器和地球观测系统先进微波扫描辐射计（advanced microwave scanning radiometer for the earth observing system，AMSR-E）获得的观测结果，开展了 1980～2005 年南极冰盖冻融探测研究。需要注意的是，考虑到冰盖表面融化受气温升降或辐射强弱的影响，因此不同传感器所获取的年际融化程度和融化持续时间也随之变化。该研究利用多个传感器模拟融化的昼夜变化，并使用模型来校正长时间序列。

综上所述，微波辐射计的冰盖冻融探测方法类型丰富，且获取了 1979 年至今的南极冰盖冻融数据，有力支持了南极冰盖融化指数构建和冻融时空变化研究，是研究南极冰盖冻融的主要数据源之一（Ramage and Isacks，2003；Takala et al.，2008；Liu et al.，2006；Ashcraft and Long et al.，2006；Tedesco，2007，2009）。

2. 微波散射计冻融探测研究方法

微波散射计是主动微波传感器的主要类型之一，通过传感器发射微波波束，再接收地物散射信号，识别地物特征。多种微波散射数据已被广泛应用于极地冻融研究，其空间分辨率多为 4.45 km，较 25 km 空间分辨率的微波辐射计数据可以获得更多的细节。Wismann（2000）利用 ESA 的欧洲遥感卫星（European remote sensing satellite，ERS）ERS-1 和 ERS-2 搭载的 C 波段散射仪数据开展了 1991 年 8 月～1999 年 12 月格陵兰冰盖冻融状态研究，通过归一化雷达散射截面（normalized radar cross sections，NRCS）判断冻融状态并绘制冻融分布图，分析冰盖融化区域与融化强度的年际变化。Nghiem 等（2001）利用 NASA 微波散射计 QSCAT（quick scatterometer）的 Ku 波段的高时间分辨率数据，开展了格陵兰冰盖冻融区域探测和制图研究，结果表明，QSCAT 数据可以用于识别格陵兰冰盖出现的显著融化和再冻结事件，并揭示地形对冻融模式的影响。美国国家航空航天局散射计（NASA scatterometer，NSCAT）的 Ku 波段的雷达后向散射数据以及先进散射计（advanced scatterometer，ASCAT）数据也被应用于极地冰盖冻融研究中（Kimball et al.，2004）。

一些学者对不同微波散射计数据在南极冰盖研究中的效果进行了对比。Brown 等（2007）将来源于 4 种不同散射计数据获取的积雪持续时间数据和实地测量数据进行了对比分析，结果表明，对于加拿大北部春季积雪持续时间变化，分辨率较高的 QSCAT 数据集表现最优。Steffen 等（2004）对微波辐射计和微波散射计 QSCAT 数据进行比较，也发现 QSCAT 数据对融化现象更为敏感，冻融研究领域效果较好。随后，基于 QSCAT 数据，许多冻融时空变化研究被开展。例如，Rotschky 等（2011）利用 QSCAT 数据，对斯瓦尔巴群岛 2000～2008 年的年融化总天数和夏季融化开始时间进行了长达 9 年的冰盖冻融监测，并得到了这 9 年的年融化总天数和融化开始时间。Panday 等（2011）利用 QSCAT 数据，对兴都库什–喜马拉雅地区冰川 2000～2008 年的融化开始时间、融化结束时间，以及融化持续时间进行了连续探测，并进行了冻融时空变化特征分析。Wang 等（2007,2008）也利用微波散射计 QSCAT 数据对格陵兰冰盖 2000～2004 年的融化面积和平均融化持续时间进行了有效探测，得到了最终结果图，同时对泛北极地区 2000～2004 年冰盖融化的开始和结束时间进行了冰盖冻融探测，并利用来自美国国家气候数据中心（National Climatic Data Center，NCDC）的实地数据进行了有效验证。

此外，一些研究结合多源微波数据开展极地冻融探测。例如，Steffen 等（2004）采用升降轨之间的后向散射差结合双阈值的冻融探测方法，利用微波辐射计 SMMR 和 SMM/I 数据与微波散射计 QSCAT 数据开展了格陵兰冰盖的极端融化事件研究。Zheng 等（2019）利用先进微波扫描辐射计 AMSR2 和先进微波散射计（ASCAT）确定并分析 1999～2017 年南极半岛积雪液态水含量，并在东南极沙克尔顿冰架（Shackleton Ice Shelf）探测冻融状态（Zheng and Zhou，2020），通过识别 AMSR2 亮温和 ASCAT 后向散射的急剧变化来确定冻融状态，发现两个传感器在沙克尔顿冰架上绘制的融化面积一致，但在地形复杂的区域也显示出局部差异。

在基于微波散射计的冻融算法研究方面，Kunz 和 Long（2006）提出了一种极化通道差与极大似然模型结合的分类方法，将图像像素分为融化点和不融化点两类，并利用根据 QSCAT 数据在南极 25 个冰架上提取的日冻融状态，确定了南极夏季融化开始和结束的时间。Steiner 和 Tedesco（2014）将小波变换算法从微波辐射计移植到微波散射计数据上，利用 QSCAT 数据对南极冰盖 2000～2009 年的融化面积和融化持续时间进行了为期 10 年的冻融特征监测。Li 等（2017）提出基于日变化极化比率（diurnal variation and polarization ratio，DVPR）时间序列的散射计冰盖冻融探测算法，并基于 QSCAT 数据得到了 2000～2009 年格陵兰冰盖融化开始、结束和持续时间，经与自动气象站（automatic weather station，AWS）温度数据验证，证明了该方法具有很好的分类精度，且探测的融化时间准确。Ashcraft 和 Long（2006）通过主动和被动微波传感器数据，对格陵兰冰盖冻融进行探测对比分析，提出一种基于物理模型的冻融探测方法，该方法将湿雪表面融化层的水分含量和深度与单一通道融雪检测阈值联系起来，提高了基于亮度温度和归一化雷达后向散射系数的融雪检测之间的一致性。

综上所述，微波散射计相较于微波辐射计具有更高的空间分辨率，但是其数据时间跨度较短，冻融探测方法较复杂（Bartsch et al.，2007；Kimball et al.，2001）。

3. SAR 冻融探测研究方法

SAR 能够获取分辨率为米级的高分辨率图像，不依赖于光照和天气条件进行成像（郭华东，2000）。目前，利用 SAR 开展的冻融探测研究主要围绕雪层划分、积雪厚度测定、冰川流速测量，以及区域冰盖冻融探测等方面展开。

早期，通过分析不同的 SAR 数据获得的后向散射系数在冰雪融化时的变化，开发了 SAR 冰雪融化探测模型（Rott and Nagler，1995；Koskinen et al.，1997），并在后期诸多研究中都得到应用。Nagler 和 Rott（1998）利用 ERS 的 SAR 数据提出了基于变化检测的 SAR 积雪融化提取算法，此算法生成的积雪覆盖图与美国陆地卫星专题制图仪（Landsat thematic mapper）生成的结果具有良好的一致性，但在片状积雪覆盖区存在一定差异，研究认为，在片状积雪覆盖区，SAR 会缩小实际积雪范围，而 Landsat 会放大实际积雪范围。Shi 和 Dozier（1997）采用 SIR-C/X-SAR 数据，检测了多极化 SAR 数据绘制山区季节性积雪的能力，表明经过地形校正后的图像将减少本地入射角的影响，可较好地区分干雪和融化区域，并能得到积雪覆盖图。

在上述研究基础上，相关的优化和改进研究也相继展开。例如，Koskinen 等（1999）将 SAR、光学遥感数据和地面实测数据相结合，为湿雪监测提供更好的解决方案，从而提高监测的准确性。Nagler 和 Rott（2000）在已开发的用来绘制山区积雪覆盖图的算法的基础上，采用 SAR 数据实现积雪分类的方法，相较于 Landsat-5 数据制成的积雪分类图，得到了更高精度的分类结果，且由于 SAR 对云雨的穿透能力，能够定期提供积雪范围信息，为冰川物质平衡研究提供数据支持。Guneriussen 等（2001）将 SAR 数据用于积雪制图，分析得出，入射角较大时，湿雪区与裸地后向散射特性差异更加明显，能更好地区分湿雪区与裸地。Rau 等（2000）利用多时相 SAR 数据，开展区域尺度上的冰川带研究，发现动态湿雪线与实际 0 ℃等温线的位置大致重合，融化季节结束时的瞬态雪线记录了融化区的空间延伸，干雪线是单一极端融化事件的敏感指标，通过确定冰川开始融化时间和年度融化期的持续时间，揭示了南极半岛积雪动态变化的季节性大尺度模式。Storvold 和 Malnes（2004）采用基于 AWS 温度数据建立的高分辨率地表温度图绘制方法来过滤湿雪，避免了初始算法易将干雪归类为裸地这样的分类错误，并利用高精度实测数据验证了其结果的准确性。Pettinato 等（2006）综合多种数据，改进了不连续的积雪覆盖区间的过渡，使积雪覆盖率更接近地面实测数据。Liu

等（2006）利用主动和被动微波遥感卫星数据实现南极雪区的划分，根据后向散射特性与纹理特征，将图像划分为不同雪区，并使用邻域处理法优化雪区边界，基于多尺度小波变换的方法推导出干雪区与湿雪区。

随着对 SAR 获得的相位信息的不断发掘，以及以 InSAR 和极化合成孔径雷达（polarimetric synthetic aperture radar，PolSAR）为代表的新型 SAR 技术的出现，基于 SAR 干涉信息和极化信息的冻融探测方法也被提出。

在利用干涉信息方面，Shi 等（1997）采用重轨 InSAR 的相干性检测方法，在不需要任何地形信息的情况下，利用后向散射特性和相干性对积雪变化进行监测与绘制，突破了传统单极化 SAR 数据绘图中常见的高分辨率数字高程模型（digital elevation model，DEM）数据缺乏的限制问题。Strozzi 等（1999）研究表明，冰雪融化导致相干性大幅下降，因此可以利用相干性判断冰雪融化状态，并用实地测量的结果证实了融化区域相干性较低的事实。李震等（2002）、Kumar 和 Venkataraman（2011）基于 InSAR 技术，对不同地表类型、不同时间间隔、不同基线长度的相干性变化进行了统计分析，研究表明，相较于光学图像，InSAR 技术更易监测积雪信息，能用于实现对积雪覆盖的划分，但同时也指出需要考虑时间去相关的影响。王雷（2015）在分析了目前已有的多种 SAR 冰雪制图法，并评估了其特点与实用性后，以四川西部达古冰川为研究对象，利用 InSAR 对高山寒区积雪的冻融状态分析，得到 9 种不同的冻融状态，依此基于相干性阈值和高程阈值，提出了积雪面积变化制图方法。

InSAR 技术获得的 DEM 也被用于极地研究。周春霞（2004）利用 InSAR 技术获取了南极格罗夫山（Grove Mountain）区域的 DEM，并证明所生成的 DEM 相比于全球定位系统（global positioning system，GPS）测量结果，具有较高的准确性。程晓（2004）在西南极沿岸冰架区域，利用 InSAR 技术提取南极冰盖 DEM，测量复杂冰流，并利用大尺度的微波辐射计和微波散射计数据开展了南极冰盖和冰架地区的时空变化。万雷等（2015）利用 InSAR 技术提取冰盖 DEM，引入了 NASA 的冰、云和陆地高程卫星（ice，cloud，and land elevation satellite，ICESat）数据作为控制点，消除基线线性误差的影响，并指出冰流速对 InSAR 生成的冰盖 DEM 精度有影响，在冰流速较小的高纬度地区，DEM 精度较高。

在利用极化信息方面，Longepe 等（2008）在分析 ALOS 卫星（advanced land observing satellite）的相控阵 L 波段合成孔径雷达（phased array type L-band synthetic aperture radar，PALSAR）数据的基础上，利用 PALSAR 数据进行冰盖冻融分类研究，认为基于单一阈值的方法不适用于 PALSAR 数据，而使用支持向量机的分类方法能较好地实现冰盖冻融的分类。Venkatarman 等（2010）对采用 PALSAR 数据区分冰雪与其他地物的能力进行了评估，利用极化分解技术开展积雪分类研究，认为全极化 SAR 数据对比单极化或双极化 SAR 数据，能对积雪的分类提供更多信息帮助。

使用 PolSAR 图像对冰川进行分类，用监督分类方法从图像中提取特征后，雪地与裸地可以通过支持向量机的方法得到区分，整体分类准确率达到 91.1%，由该方法得到的分类结果也有助于雪线的确定（Huang et al.，2011）。Singh 等（2014）基于 PALSAR 数据和 Wishart 分类器的极化分解方法，结合基于极化系数的监督分类方法，对印度境内的喜马拉雅山脉地区的冰川冻融情况进行分类，结果证明，极化系数值对于区分冰川冻融情况和其他地物十分有效，整体分类准确度高。Manickam 等（2017）基于 PolSAR 数据，提出了估算积雪表面介电常数的新方法，该方法引入了两种独立方法的最佳极化度，使用于反演的表面散射像素的数量达到最大，并用这些像素估算积雪表面介电常数。王蒙等（2016）利用 RADARSAT-2 双极化的扫描模式 SAR（scan SAR）数据进行南极冰盖冻融探测研究，利用辅助数据发展了基于干雪带分布的决策树分类和基于海拔高度的决策树分类两种冰盖冻融探测方法，实现了高空间分辨率的冰盖冻融探测。

前文提到，作为目前时序宽幅 SAR 数据的代表，Sentinel-1 卫星 C 波段数据是目前开展 SAR 数据实际应用的理想数据，利用 Sentinel-1 卫星数据的冰雪冻融探测研究也越来越受到重视（Liang et al.，2021b）。Nagler 等（2016）研究了基于 Sentinel-1 卫星 C 波段 SAR 数据在冻融探测方面的应用，生成了阿尔卑斯山（Alps）和冰岛（Iceland）研究区的冻融图像，并与 Landsat 图像处理得到的结果进行比较，两个传感器的产品间具有良好的一致性，表明 Sentinel-1 卫星在极地冻融区域监测的优势与能力。将 C 波段 SAR 数据与 NASA 的中分辨率成像光谱仪（moderate resolution imaging spectroradiometer，MODIS）数据相结合，使高山流域的冻融监测得到增强（Rondeau-Genesse et al.，2016），并使用了阈值将干雪和湿雪分离，经与 MODIS 积雪覆盖图产品结合后准确监测了积雪范围，同时将得到的冻融概率图与该产品交叉使用，将积雪检测能力提升至 91.5%。另外，该方法还能有效区分湿雪、干雪和无雪地区，具有 77.6%的准确率。Zhou 和 Zheng（2017）以南极半岛为研究区，提出了一种基于微波散射模型的模拟方法，通过使用南极半岛 Sentinel-1 卫星图像对冰川区进行分类，使用 SSM/I 数据检测到的融化天数验证冬季干雪线，绘制了南极半岛的冰川区域干雪线区。Simões 等（2020）结合多时相 Landsat 数据和 Sentinel-1 卫星数据，开展了德拉蒙德冰川（Drummond Glacier）和威多森冰川（Widdowson Glacier）的冰锋退缩动力学研究，对裸冰、湿雪带、渗浸带、干雪带进行区域划分，研究表明，两个冰川退缩的成因差异归因于坡度和冰川积累区面积值，威多森冰川的面积较小，对环境变化更为敏感。赵梦雪等（2020）基于 2016 年格陵兰岛 Sentinel-1 卫星数据，研究了极化幅度值、

HH/HV 值与冻融强度的关系，同时利用 AWS 温度数据和 MODIS 温度产品，基于格陵兰冰盖冻融不同强度，建立划分了 5 个 HH/HV 区间阈值，由 MODIS 温度数据的验证表明，使用 HH/HV 值，可使冻融强度提取精度达到 86.8%。

综上所述，多时相、多极化、多波段及多模式 SAR 能够获取丰富的冰雪信息，在冰盖冻融探测中具有很高的应用价值和潜力，随着 SAR 数据越来越丰富，高分宽幅 SAR 数据也已覆盖主要南极冰盖冻融区域，为 SAR 长时序大区域高分辨率冻融探测带来了新的契机。

1.3.3 地球大数据研究态势

地球大数据是大数据的重要组成部分，具有规模大、来源广、多样化、多时相、多尺度、高维度、高复杂性和非结构化等特点，是针对地球科学形成的新的数据密集型研究方向（Guo et al.，2016；郭华东，2018）。目前，国际上主要的地球大数据平台来自中国、美国、澳大利亚和欧盟。具有代表性的平台包括活地球模拟器（Living Earth Simulator）、地球立方体（Earth Cube）、GEE、开放数据立方体（Open Data Cube），以及 CASEarth。

2010 年，欧盟大型研究计划"未来信息通信技术知识加速器"（FuturICT Knowledge Accelerator）得到欧盟第七框架计划（European Union Seventh Framework Programme）的资助，致力于通过计算理解全球社会的复杂关系。活地球模拟器（Paolucci et al.，2012）是未来信息通信技术知识加速器的核心组成，是集方法、工具、技术和设施一体化的大型基础设施，利用基于复杂系统理论和数据科学的方法解决社会发展中面临的问题。活地球模拟器主要架构有：①模拟：基于海量数据的计算方法和模型，在多个层次上，分析、模拟和探索复杂系统；②数据管理和集成：适用于从多样化数据源收集、选择和集成大量异构数据的基础设施；③统计推断、数据挖掘和验证：利用机器学习（machine learning）分析海量不确定数据；④可视化和可视化分析：使用户能够浏览可视化模拟和数据挖掘的结果。活地球模拟器作为超级计算机系统，将实现自然科学与社会科学融合，通过可视化平台展示地理尺度之间的联系，实现跨越地理位置的"多中心"治理格局，干预社会复杂领域相互联系带来的自组织临界性。

2012 年，地球立方体（Valentine et al.，2021）由美国国家科学基金会（National Science Foundation，NSF）发起和资助，旨在以宏观的视角审视整个地球系统并创建一个能够综合管理地球科学知识的基础设施，并以开放、包容的方式整合所有类别的地球科学数据。通过构建一个围绕地球科学知识与数据的综合管理系统或基础设施，实现地球科学数据的收集、访问、分析、共享和可视化，促进跨学科、跨领域的交叉研究与合作，同时促进开发和部署先进的数据处理方法或工具去应对各类应用场景中复杂的工作流。该项目的特点是数据和信息的互操作性，即面对海量的地球科学数据和信息，实现更高效、便捷的互操作及共享；以人为中心，允许研究人员和教育工作者更方便地利用多个方面的先进技术和知识开展工作。为了更好地实现地球立方体的目标，需要建立一个可管理网络基础设施的社区，同时要不断引入新的、先进的科学方法和技术，并以多种方式整合生产工具和解决方案，以便地球科学相关的研究人员使用。社区必须以现有的网络基础设施和社区知识为基础，创建一套服务于整个地球科学领域的综合服务体系，并在地球科学领域驱动下，提供一个地球立方体整体架构，来指导项目的整合及现有网络基础设施的发展。经过地球科学界多年的努力，地球立方体得到了大量的网络基础设施的支撑，包括数据库、软件服务和社区支持等。该项目对整合现有的、新兴的计算模型和数据资源提供了一个变革性的思路，形成了一个综合地球科学数据和知识的网络基础设施，为人类更好地了解复杂多变的地球开辟了一条新的道路。

2013 年，GEE（Gorelick et al.，2017）作为谷歌内部的孵化项目被开发，旨在为地理空间算法的大规模开发提供交互平台。GEE 可被视为一种地理空间处理服务，由可直接进行分析的 PB 级数据目录和高性能的并行计算服务组成。用户通过可访问应用程序接口（application programming interface，API）和基于网络的交互开发环境（interactive development environment，IDE）来访问和控制，并实现快速原型化、结果可视化和算法实时共享。GEE 以其强大的并行计算能力、海量地理空间数据、丰富的图像处理函数及交互式算法设计接口，在全球变化、农作物估产、可持续城市、防灾减灾等多个领域被广泛应用。虽然 GEE 是当前应用最为广泛的地球大数据平台，但是其发展也面临一系列挑战。为避免垄断，GEE 对单个服务器处理的数据量有严格限制，且用户只能通过使用 GEE 库中提供的并行处理语句来进行大型计算，非并行操作无法有效地执行，存在计算模型不匹配的问题。

2017 年，开放数据立方体（Lewis et al.，2017）由澳大利亚地球科学局（Geoscience Australia）发起和支持，致力于提供一个开放且自由访问的开发平台和可供用户开发交流的论坛，以提高全球对地观测卫星数据的影响及价值。开放数据立方体由国际卫星对地观测委员会（Committee on Earth Observation Satellites，CEOS）支持，向全球用户提供地理空间数据应用架构解决方案。该平台为用户提供所需数据，并支持交互式数据科学和科学计算，交流论坛可分享核心代码为用户开发提供支持。开放数据立方体平台实现的功能包括：①应用命令行工具和 Python 的 API 处理大量的对地观测数据；②提供基于 Python 的 API 以实现高性能查询和数据访问；③使研究人员和其他用户能够轻松执行探索性数据分析；④允许对存储数据进行大规模处理；⑤跟踪所有包含数据的情况，进行质量控制和更新。开放数据立方体平台的系统架构包括：①数据采集与输入；②数据结构；③数据应用平台。开放数据立方体平台还提供了网络覆盖服务（web coverage service）、网络地图服务（web map service）和网络地图切片服务（web map tile service）等网络服务。开放数据立方体的核心是一组 Python 库和 PostgreSQL 数据库，通过 Python 的 API 对对地观测数据进行索引、存储以及交付给用户，主要用于处理栅格空间数据。目前，开放数据立方体仍存在缺陷和挑战。例如，用户之间无法进行程序与数据共享；卫星数据供应方和使用方是否认可开放数据立方体的价值；随着用户数量增加，现有资源条件是否满足需求。

2017 年，澳大利亚地球科学局在澳大利亚地球科学数据立方体（Australian Geoscience Data Cube）项目的基础上，设立了澳大利亚"数字地球"（Digital Earth Australia）项目（Dhu et al.，2017），并使用开放数据立方体作为功能支持。澳大利亚"数字地球"对覆盖了整个澳大利亚国土的大量卫星图像和数据进行归档整理，其使命是利用卫星图像和数据为决策提供支持，以促进澳大利亚经济、社会、环境的发展。澳大利亚"数字地球"平台的构建旨在归档整理大量的对地观测数据并提供 Python 的 API，实现高性能查询和数据访问，使研究人员和其他用户轻松地进行探索性数据分析。同时，平台允许用户对已存储的数据进行可扩展的大规模处理，以及数据来源追踪功能。澳大利亚"数字地球"拥有的数据种类丰富，提供的服务也多样化。其中，交互式地图产品可使用户直观地、探索式地访问卫星数据；内容管理界面（content management interface，CMI）为用户构建了对地观测数据的元数据中心；开放网络服务（open web service，OWC）、亚马逊网络服务（Amazon web service）、资源管理器提供了多种数据检索与获取的方式。澳大利亚"数字地球"提供的服务已在多个领域得到了应用，包括农业、环境、应急管理、政务信息等领域。

2018 年，中国科学院启动 CASEarth，旨在促进和加速从单纯的地球数据系统和数据共享，到数字地球数据集成系统的转变，促进全球范围内的数据、知识和经验共享，为科学研究、决策支持、知识传播提供支撑（郭华东，2020；Guo et al.，2020）。为实现多源时空数据的汇聚存储、计算处理、融合分析、高效组织与共享服务，CASEarth 构建了地球大数据云服务平台，以实现汇聚管理多学科融合的地球大数据资源库，提供计算、存储与分析能力，为数据密集型地球系统科学研究提供支撑（郭华东，2018a）。地球大数据云服务平台针对科学数据分析处理全过程优化设计，采用独特系统架构融合了超级计算、大数据云、海量数据存储系统，并实现了平台内数据在不同子系统间的高速共享，可为科研工作者提供"一站式"数据存储、计算、分析、处理等服务（郭华东，2019）。除提供计算和存储资源外，地球大数据云服务平台还集成了自主研发的大数据资源库、国际遥感数据汇聚分系统、地面监测数据资源汇聚与共享系统、格网数据引擎（DataBox）、地球大数据挖掘分析系统（EarthDataMiner）等诸多自主研发的应用软件系统，通过统一的云服务门户提供数据共享、基础设施云、在线计算分析、数据分析环境按需定制等服务。其中，地球大数据系统软件栈提供了时空数据管理与分析服务的中国方案；DataBox 是国内首个基于格网数据剖分的地球大数据高效处理分析与服务系统软件，提供了针对地理信息系统（geographic information system，GIS）数据的分布式查询处理实现方案，为国内栅格数据的查询分析提供了新的解决思路。EarthDataMiner 提升了多领域综合分析模型的创新设计质量和效率，降低了开发难度，实现了挖掘分析全流程的开发运行一体化支撑，可促进交叉科学研究（郭华东，2020a）。

地球大数据通过多种对地观测方式、地球勘测方法及地面传感网产生，是地球科学、信息科学、计算机科学高度融合的一个新的前沿领域（Guo et al.，2016；郭华东，2018b）。近年来，以 CASEarth 和 GEE 为代表的地球大数据平台的日益成熟，以及对地观测数据获取技术的快速发展，为推动地球科学发展以及数据密集型科学发现带来了契机。尤其是地球大数据平台提供海量对地观测数据的快速处理和分析能力，同时也将在处理尺度差异和时空数据复杂性等方面提供新颖的解决方案。

1.4　小　　结

南极大陆作为地球上唯一的净土，承载着丰富的自然资源和科学研究价值，在全球气候变化和人类社会可持续发展等重大议题中具有重要地位。南极对地球生态环境具有持久的影响，同时南极洲拥有的大量未知领域和科学之谜有待探索，南极科研活动日益频繁，我国在该领域的研究也蓬勃发展，这对于实现社会可持续发展、激发民族精神和展示国家综合实力具有重要的社会和政治意义。

南极冰盖变化的主要推动因素之一是温室气体，其导致大气和海洋温度升高，加剧了南极的物质损失，对可持续发展目标产生了不可忽视的影响。南极冰盖融化受到太阳辐射、纬度、海拔、季节等多方面因素的综合影响，其中夏季时低纬度高海拔地区冰盖更容易融化。局部地形和环流等因素也在影响着南极冰盖的融化。作为全球变化的重要指标，南极冰盖冻融情况不仅影响其物质–能量平衡，还会影响冰盖的水文状态，并推动冰裂隙向下扩展。

国内外研究者在南极冰盖的万年尺度变化、物质平衡与稳定性，以及对未来影响等方面开展了广泛研究。人为活动引起的高二氧化碳排放给当前和未来的气候变化增加了不确定性。西南极的大部分地区出现显著变暖，南极整体温度逐年上升，预测到 2050 年，南极冰盖融化现象将进一步加剧。未来数十年至数百年内，南极洲的冰储量有望逐渐减少，冰盖流失可能持续，进而导致海平面上升。

微波遥感因其全天候工作能力以及对冰雪的介电和几何特性高度敏感，已成为冰雪融化探测的重要工具。微波辐射计和散射计获取的冰盖冻融信息，时间分辨率高，但空间分辨率相对较低。SAR 技术的快速发展，为高分辨率的南极冰盖研究提供了数据支持。同时，谷歌地球、地球大数据云平台等为南极冰盖研究提供了海量地球观测数据的快速处理和分析支持。因此，利用微波遥感可获取南极海量数据，基于地球大数据深入研究全球变化对南极冰盖环境的影响，增进对全球变化对南极冰盖的理解，提升人类应对全球变化的能力，对实现可持续发展目标具有重要意义。

参 考 文 献

程晓. 2004. 基于星载微波遥感数据的南极冰盖信息提取与变化监测研究. 北京: 中国科学院研究生院(遥感应用研究所).

郭华东. 2000. 雷达对地观测理论与应用. 北京: 科学出版社.

郭华东. 2014. 全球变化科学卫星. 北京: 科学出版社.

郭华东. 2018a. 地球大数据科学工程. 中国科学院院刊, 33(8): 818-824.

郭华东. 2018b. 科学大数据——国家大数据战略的基石. 中国科学院院刊, 33(8): 768-773.

郭华东. 2019. 地球大数据支撑可持续发展目标报告. 北京: 科学出版社.

郭华东. 2020a. 地球大数据科学工程数据共享蓝皮书. 北京: 科学出版社.

郭华东. 2020b. 地球大数据支撑可持续发展目标报告:"一带一路"篇. 北京: 科学出版社.

郭华东. 2020c. 地球大数据支撑可持续发展目标报告: 中国篇. 北京: 科学出版社.

郭华东, 王力哲, 陈方, 等. 2014. 科学大数据与数字地球. 科学通报, 59(12): 1047-1054.

国家遥感中心. 2020. 全球生态环境遥感监测2020年度报告"南极冰盖变化"专题报告. 北京: 测绘出版社.

李新, 车涛, 段安民, 等. 2021. 地球三极: 全球变化的前哨. 北京: 科学出版社.

李新, 车涛, 李新武. 2020. 冰冻圈遥感学. 北京: 科学出版社.

李震, 王长林, 郭华东, 等. 2002. SAR 干涉测量的相干性特征分析及积雪划分. 遥感学报, 6(5): 334-338.

梁雷, 郭华东, 李新武. 2013. 基于微波辐射计的南极冰盖冻融时空变化分析. 遥感学报, 17(2): 423-438.

凌晓良, 温家洪, 陈丹红, 等. 2005. 南极环境与环境保护问题研究. 海洋开发与管理, 22(5): 3-15.

庞小平, 王自磐, 鄂栋臣. 2006. 南极生态环境分类及其脆弱性分析. 测绘与空间地理信息, 29(6): 1-4.

秦大河. 2017. 冰冻圈科学概论. 北京: 科学出版社.

孙启振. 2021. 气候变化"指挥员": 南极冰盖与北极海冰. 知识就是力量, (12): 20-21.

万雷, 邓方慧, 周春霞, 等. 2015. 基于 InSAR 和 ICESat 的南极冰盖地区 DEM 提取和精度分析. 冰川冻土, 37(5): 1160-1167.

王雷. 2015. 基于多时相 SAR 对高寒山区冰雪冻融状态变化监测. 成都: 电子科技大学.

王蒙, 李新武, 梁雷, 等. 2016. 基于 Radarsat-2 双极化数据的南极半岛冰盖冻融探测研究. 极地研究, 28(1): 107-116.

王星东, 李新武, 熊章强, 等. 2014. XPGR 结合小波变换的南极冰盖冻融探测. 东北大学学报: 自然科学版, 35(5): 650-654.

赵梦雪, 傅文学, 孙燕武, 等. 2020. 基于宽幅 SAR 的极地冰盖冻融强度提取方法研究. 极地研究, 32(3): 336-342.

周春霞. 2004. 星载 SAR 干涉测量技术及其在南极冰貌地形研究中的应用. 武汉: 武汉大学.

Abdalati W, Steffen K. 1995. Passive microwave-derived snow melt regions on the Greenland Ice Sheet. Geophysical Research Letters, 22(7): 787-790.

Abdalati W, Steffen K. 1997. Snowmelt on the Greenland Ice Sheet as derived from passive microwave satellite data. Journal of Climate, 10(2): 165-175.

Anderson M R. 1997. Determination of a melt-onset date for Arctic sea-ice regions using passive-microwave data. Annals of Glaciology, 25: 382-387.

Ashcraft I S, Long D G. 2005. Differentiation between melt and freeze stages of the melt cycle using SSM/I channel ratios. IEEE Transactions on Geoscience and Remote Sensing, 43(6): 1317-1323.

Ashcraft I S, Long D G. 2006. Comparison of methods for melt detection over Greenland using active and passive microwave measurements. International Journal of Remote Sensing, 27(12): 2469-2488.

Bartsch A, Kidd R A, Wagner W, et al. 2007. Temporal and spatial variability of the beginning and end of daily spring freeze/thaw cycles derived from scatterometer data. Remote Sensing of Environment, 106(3): 360-374.

Bell R E, Seroussi H. 2020. History, mass loss, structure, and dynamic behavior of the Antarctic Ice Sheet. Science, 367(6484): 1321-1325.

Brown R, Derksen C, Wang L. 2007. Assessment of spring snow cover duration variability over northern Canada from satellite datasets. Remote Sensing of the Cryosphere Special Issue, 111(2): 367-381.

Datta R T, Tedesco M, Fettweis X, et al. 2019. The effect of Foehn-induced surface melt on Firn evolution over the Northeast Antarctic Peninsula. Geophysical Research Letters, 46(7): 3822-3831.

Deconto R M, Pollard D, Alley R B, et al. 2021. The Paris Climate Agreement and future sea-level rise from Antarctica. Nature, 593(7857): 83-89.

Dhu T, Dunn B, Lewis B, et al. 2017. Digital earth Australia – unlocking new value from earth observation data. Big Earth Data, 1(1-2): 64-74.

Ding Q, Steig E J, Battisti D S, et al. 2011. Winter warming in West Antarctica caused by central tropical Pacific warming. Nature Geoscience, 4(6): 398-403.

Dow C F, Lee W S, Greenbaum J S, et al. 2018. Basal channels drive active surface hydrology and transverse ice shelf fracture. Science Advances, 4(6): eaao7212.

Garbe J, Albrecht T, Levermann A, et al. 2020. The hysteresis of the Antarctic Ice Sheet. Nature, 585(7826): 538-544.

Gorelick N, Hancher M, Dixon M, et al. 2017. Google Earth Engine: Planetary-scale geospatial analysis for everyone. Big Remotely Sensed Data: Tools, Applications and Experiences, 202: 18-27.

Guneriussen T, Johnsen H, Lauknes I. 2001. Snow cover mapping capabilities using RADARSAT standard mode data. Canadian Journal of Remote Sensing, 27(2): 109-117.

Guo H, Fu W, Liu G. 2019. Scientific Satellite and Moon-Based Earth Observation for Global Change. Singapore: Springer.

Guo H, Nativi S, Liang D, et al. 2020. Big Earth Data science: An information framework for a sustainable planet. International Journal of Digital Earth, 13(7): 743-767.

Guo H, Wang L, Liang D. 2016. Big Earth Data from space: A new engine for Earth science. Science Bulletin, 61(7): 505-513.

Hanna E, Navarro F J, Pattyn F, et al. 2013. Ice-sheet mass balance and climate change. Nature, 498(7452): 51-59.

Hsu P C, Fu Z, Murakami H, et al. 2021. East Antarctic cooling induced by decadal changes in Madden-Julian oscillation during austral summer. Science Advances, 7(26): eabf9903.

Huang L, Li Z, Tian B S, et al. 2011. Classification and snow line detection for glacial areas using the polarimetric SAR image. Remote Sensing of Environment, 115(7): 1721-1732.

IPCC. 2018. Global Warming of 1.5℃. Geneva: World Meteorological Organization.

IPCC. 2019. IPCC special report on the ocean and cryosphere in a changing climate. Geneva: Intergovernmental Panel on Climate Change.

Jay Zwally H, Fiegles S. 1994. Extent and duration of Antarctic surface melting. Journal of Glaciology, 40(136): 463-475.

Jenkins A, Shoosmith D, Dutrieux P, et al. 2018. West Antarctic Ice Sheet retreat in the Amundsen Sea driven by decadal oceanic variability. Nature Geoscience, 11(10): 733-738.

Joshi M, Merry C J, Jezek K C, et al. 2001. An edge detection technique to estimate melt duration, season and melt extent on the Greenland Ice Sheet using Passive Microwave Data. Geophysical Research Letters, 28(18): 3497-3500.

Jun S Y, Kim J H, Choi J, et al. 2020. The internal origin of the west-east asymmetry of Antarctic climate change. Science Advances, 6(24): eaaz1490.

Kimball J S, Mcdonald K C, Frolking S, et al. 2004. Radar remote sensing of the spring thaw transition across a boreal landscape. BOREAS Remote Sensing Science, 89(2): 163-175.

Kimball J S, Mcdonald K C, Keyser A R, et al. 2001. Application of the NASA Scatterometer (NSCAT) for determining the daily frozen and nonfrozen landscape of Alaska. Remote Sensing of Environment, 75(1): 113-126.

Kingslake J, Ely J C, Das I, et al. 2017. Widespread movement of meltwater onto and across Antarctic ice shelves. Nature, 544(7650): 349-352.

Konrad H, Shepherd A, Gilbert L, et al. 2018. Net retreat of Antarctic glacier grounding lines. Nature Geoscience, 11(4): 258-262.

Koskinen J T, Pulliainen J T, Hallikainen M T. 1997. The use of ERS-1 SAR data in snow melt monitoring. IEEE Transactions on Geoscience and Remote Sensing, 35(3): 601-610.

Koskinen J, Metsämäki S, Grandell J, et al. 1999. Snow monitoring using radar and optical satellite data. Remote Sensing of Environment, 69(1): 16-29.

Kumar V, Venkataraman G. 2011. SAR interferometric coherence analysis for snow cover mapping in the western Himalayan region. International Journal of Digital Earth, 4(1): 78-90.

Kunz L B, Long D G. 2006. Melt detection in Antarctic Ice Shelves using Scatterometers and microwave radiometers. IEEE Transactions on Geoscience and Remote Sensing, 44(9): 2461-2469.

Lai C Y, Kingslake J, Wearing M G, et al. 2020. Vulnerability of Antarctica's ice shelves to meltwater-driven fracture. Nature, 584(7822): 574-578.

Larour E, Seroussi H, Adhikari S, et al. 2019. Slowdown in Antarctic mass loss from solid Earth and sea-level feedbacks. Science, 364(6444): eaav7908.

Laurance W F. 2019. The Anthropocene. Current Biology, 29(19): R953-R954.

Lewis A, Oliver S, Lymburner L, et al. 2017. The Australian geoscience data cube-foundations and lessons learned. Big Remotely Sensed Data: Tools, Applications and Experiences, 202: 276-292.

Li X, Zhang Y, Liang L. 2017. Snowmelt detection on the Greenland ice sheet using microwave scatterometer measurements. International Journal of Remote Sensing, 38(3): 796-807.

Liang D, Guo H, Zhang L, et al. 2021a. Sentinel-1 EW mode dataset for Antarctica from 2014-2020 produced by the CASEarth Cloud Service Platform. Big Earth Data, 6(4): 1-16.

Liang D, Guo H, Zhang L, et al. 2021b. Time-series snowmelt detection over the Antarctic using Sentinel-1 SAR images on Google Earth Engine. Remote Sensing of Environment, 256: 112318.

Liang L, Guo H, Li X, et al. 2013. Automated ice-sheet snowmelt detection using microwave radiometer measurements. Polar Research, 32(1): 19746.

Liu H X, Wang L, Jezek K C. 2006. Automated delineation of dry and melt snow zones in Antarctica using active and passive microwave observations from space. IEEE Transactions on Geoscience and Remote Sensing, 44(8): 2152-2163.

Liu H, Wang L, Jezek K C. 2005. Wavelet‐transform based edge detection approach to derivation of snowmelt onset, end and duration from satellite passive microwave measurements. International Journal of Remote Sensing, 26(21): 4639-4660.

Longepe N, Shimada M, Allain S, et al. 2008. Capabilities of full-polarimetric PALSAR/ALOS for snow extent mapping. IGARSS 2008 - 2008 IEEE International Geoscience and Remote Sensing Symposium, 4: IV1026-IV1029.

MAnickam S, Bhattacharya A, Singh G, et al. 2017. Estimation of snow surface dielectric constant from polarimetric SAR data. IEEE Journal of Selected Topics in Applied Earth Observations and Remote Sensing, 10(1): 211-218.

Miles B W J, Stokes C R, Jamieson S S R. 2016. Pan-ice-sheet glacier terminus change in East Antarctica reveals sensitivity of Wilkes Land to sea-ice changes. Science Advances, 2(5): e1501350.

Mote T L, Anderson M R, Kuivinen K C, et al. 1993. Passive microwave-derived spatial and temporal variations of summer melt on the Greenland ice sheet. Annals of Glaciology, 17: 233-238.

Nagler T, Rott H, Ripper E, et al. 2016. Advancements for snowmelt monitoring by means of Sentinel-1 SAR. Remote Sensing, 8(4): 348.

Nagler T, Rott H. 1998. SAR tools for snowmelt modelling in the project HydAlp. San Francisco, USA: 1998 IEEE International Geoscience and Remote Sensing Symposium.

Nagler T, Rott H. 2000. Retrieval of wet snow by means of multitemporal SAR data. IEEE Transactions on Geoscience and Remote Sensing, 38(2): 754-765.

Nghiem S V, Steffen K, Kwok R, et al. 2001. Detection of snowmelt regions on the Greenland ice sheet using diurnal backscatter change. Journal of Glaciology, 47(159): 539-547.

Panday P K, Frey K E, Ghimire B. 2011. Detection of the timing and duration of snowmelt in the

Hindu Kush-Himalaya using QuikSCAT, 2000-2008. Environmental Research Letters, 6(2): 024007.

Paolo F S, Padman L, Fricker H A, et al. 2018. Response of Pacific-sector Antarctic ice shelves to the El Niño/Southern Oscillation. Nature Geoscience, 11(2): 121-126.

Paolucci M, Kossman D, Conte R, et al. 2012. Towards a living earth simulator. The European Physical Journal Special Topics, 214(1): 77-108.

Pattyn F, Morlighem M. 2020. The uncertain future of the Antarctic Ice Sheet. Science, 367(6484): 1331-1335.

Pettinato S, Malnes E, Haarpaintner J. 2006. Snow cover maps with satellite borne SAR: A new approach in harmony with fractional optical SCA retrieval algorithms. Denver, CO, USA: 2006 IEEE International Symposium on Geoscience and Remote Sensing.

Picard G, Fily M, Gallee H. 2007. Surface melting derived from microwave radiometers: A climatic indicator in Antarctica. Annals of Glaciology, 46: 29-34.

Picard G, Fily M. 2006. Surface melting observations in Antarctica by microwave radiometers: Correcting 26-year time series from changes in acquisition hours. Remote Sensing of Environment, 104(3): 325-336.

Ramage J M, Isacks B L. 2003. Interannual variations of snowmelt and refreeze timing on southeast-Alaskan icefields, USA. Journal of Glaciology, 49(164): 102-116.

Rau F, Braun M, Saurer H, et al. 2000. Monitoring multi-year snow cover dynamics on the Antarctic Peninsula using SAR imagery. Polarforschung, 67(1/2): 27-40.

Rignot E, Mouginot J, Scheuchl B, et al. 2019. Four decades of Antarctic Ice Sheet mass balance from 1979–2017. Proceedings of the National Academy of Sciences, 116(4): 1095.

Robel A A, Seroussi H, Roe G H. 2019. Marine ice sheet instability amplifies and skews uncertainty in projections of future sea-level rise. Proceedings of the National Academy of Sciences, 116(30): 14887.

Rondeau-Genesse G, Trudel M, Leconte R. 2016. Monitoring snow wetness in an Alpine Basin using combined C-band SAR and MODIS data. Remote Sensing of Environment, 183: 304-317.

Rotschky G, Vikhamar S T, Haarpaintner J, et al. 2011. Spatio-temporal variability of snowmelt across Svalbard during the period 2000-08 derived from QuikSCAT/SeaWinds scatterometry. Polar Research, 30(1): 5963.

Rott H, Nagler T. 1995. Monitoring temporal dynamics of snowmelt with ERS-1 SAR. Firenze, Italy: 1995 International Geoscience and Remote Sensing Symposium.

Sadai S, Condron A, Deconto R, et al. 2020. Future climate response to Antarctic Ice Sheet melt caused by anthropogenic warming. Science Advances, 6(39): eaaz1169.

Shepherd A, Ivins E, Rignot E, et al. 2018. Mass balance of the Antarctic Ice Sheet from 1992 to 2017. Nature, 558(7709): 219-222.

Shi J, Dozier J. 1997. Mapping seasonal snow with SIR-C/X-SAR in mountainous areas. Spaceborne Imaging Radar Mission, 59(2): 294-307.

Shi J, Hensley S, Dozier J. 1997. Mapping snow cover with repeat pass synthetic aperture radar. Singapore: 1997 IEEE International Geoscience and Remote Sensing Symposium.

Simões C L, Rosa K K, Simões J C, et al. 2020. Recent changes in two outlet glaciers in the Antarctic Peninsula using multi-temporal Landsat and Sentinel-1 data. Geocarto International, 35(11): 1233-1244.

Singh G, Venkataraman G, Yamaguchi Y, et al. 2014. Capability assessment of fully polarimetric

ALOS-PALSAR data for discriminating wet snow from other scattering types in mountainous regions. IEEE Transactions on Geoscience and Remote Sensing, 52(2): 1177-1196.

Slater T, Lawrence I R, Otosaka I N, et al. 2021. Review article: Earth's ice imbalance. The Cryosphere, 15(1): 233-246.

Smith J. 2020. The frozen continent. Science, 367(6484): 1316-1317.

Steffen K, Abdalati W, Stroeve J. 1993. Climate sensitivity studies of the Greenland ice sheet using satellite AVHRR, SMMR, SSM/I and in situ data. Meteorology and Atmospheric Physics, 51(3): 239-258.

Steffen K, Nghiem S V, Huff R, et al. 2004. The melt anomaly of 2002 on the Greenland Ice Sheet from active and passive microwave satellite observations. Geophysical Research Letters, 31(20): 349-371.

Steig E J, Schneider D P, Rutherford S D, et al. 2009. Warming of the Antarctic ice-sheet surface since the 1957 International Geophysical Year. Nature, 457(7228): 459-462.

Steiner N, Tedesco M. 2014. A wavelet melt detection algorithm applied to enhanced-resolution scatterometer data over Antarctica (2000-2009). The Cryosphere, 8(1): 25-40.

Storvold R, Malnes E. 2004. Snow covered area retrieval using Envisat ASAR wideswath in mountainous areas. Kyoto, Japan: 2004 IEEE International Geoscience and Remote Sensing Symposium.

Strozzi T, Wegmuller U, Matzler C. 1999. Mapping wet snowcovers with SAR interferometry. International Journal of Remote Sensing, 20(12): 2395-2403.

Takala M, Pulliainen J, Huttunen M, et al. 2008. Detecting the onset of snow-melt using SSM/I data and the self-organizing map. International Journal of Remote Sensing, 29(3): 755-766.

Tedesco M. 2007. Snowmelt detection over the Greenland ice sheet from SSM/I brightness temperature daily variations. Geophysical Research Letters, 34(2): 1-6.

Tedesco M. 2009. Assessment and development of snowmelt retrieval algorithms over Antarctica from K-band spaceborne brightness temperature (1979~2008). Remote Sensing of Environment, 113(5): 979-997.

Trusel L D, Frey K E, Das S B, et al. 2015. Divergent trajectories of Antarctic surface melt under two twenty-first-century climate scenarios. Nature Geoscience, 8(12): 927-932.

Valentine D, Zaslavsky I, Richard S, et al. 2021. EarthCube Data Discovery Studio: A gateway into geoscience data discovery and exploration with Jupyter notebooks. Concurrency and Computation: Practice and Experience, 33(19): e6086.

Venkataraman G, Singh G, Yamaguchi Y. 2010. Fully polarimetric ALOS PALSAR data applications for snow and ice studies. Honolulu, Hawaii, USA: 2010 IEEE International Geoscience and Remote Sensing Symposium.

Wang L, Derksen C, Brown R. 2008. Detection of pan-Arctic terrestrial snowmelt from QuikSCAT, 2000-2005. Remote Sensing of Environment, 112(10): 3794-3805.

Wang L, Sharp M, Rivard B, et al. 2007. Melt season duration and ice layer formation on the Greenland ice sheet, 2000-2004. Journal of Geophysical Research: Earth Surface, 112(F4): F04013.

Wang X, Li X, Wang C, et al. 2018. Antarctic ice-sheet near-surface snowmelt detection based on the synergy of SSM/I data and QuikSCAT data. Greenstone Belts and their Mineral Endowment, 9(3): 955-963.

Wille J D, Favier V, Dufour A, et al. 2019. West Antarctic surface melt triggered by atmospheric rivers. Nature Geoscience, 12(11): 911-916.

Wismann V. 2000. Monitoring of seasonal snowmelt on Greenland with ERS scatterometer data. IEEE Transactions on Geoscience and Remote Sensing, 38(4): 1821-1826.

Yan Y, Bender M L, Brook E J, et al. 2019. Two-million-year-old snapshots of atmospheric gases from Antarctic ice. Nature, 574(7780): 663-666.

Zheng L, Zhou C, Liang Q. 2019. Variations in Antarctic Peninsula snow liquid water during 1999–2017 revealed by merging radiometer, scatterometer and model estimations. Remote Sensing of Environment, 232: 111219.

Zheng L, Zhou C. 2020. Comparisons of snowmelt detected by microwave sensors on the Shackleton Ice Shelf, East Antarctica. International Journal of Remote Sensing, 41(4): 1338-1348.

Zhou C, Zheng L. 2017. Mapping radar glacier zones and dry snow line in the Antarctic Peninsula using Sentinel-1 images. Remote Sensing, 9(11): 1171.

第 2 章

地球大数据及时空分析方法

本章导读 大数据是知识经济时代的战略高地，是国家和全球的新型战略资源。作为大数据重要组成部分的地球大数据，正成为地球科学的一个新的前沿领域，在推动地球科学的深度发展以及重大科学发现上意义重大。

针对温度、冻融、藻类等南极冰盖要素，研究它们的时空变化特征或与其他要素之间的关系时，除了借助大数据平台，还需要用到相关性分析、时空分析、因果分析等各种时空关联分析方法，它们是南极冰盖研究的核心。

在地球大数据支撑下开展的南极冰盖研究，充分利用了大数据平台的各种工具和算法，从多源、海量的数据中提取南极冰盖的冻融、藻类、前缘等各种信息，形成海量的南极研究数据集和产品，它们促进了南极地区的科学研究，也为全球气候变化研究和可持续发展提供了支持。

2.1 地球大数据

2.1.1 概念及框架

1. 大数据科学应用

全球正见证和经历着一场数据革命。国际数据公司（International Data Corporation，IDC）在 2017 年发布的《数据时代 2025》报告中指出，自 2010 年全球数据资源已突破 ZB（Zettabyte）级别，2025 年的全球数据资源将会升至 163 ZB，是 2016 年的 10 倍。大数据是知识经济的新型战略资源，为人类认识世界提供全新思维，大数据正在改变人类对地球和社会的认知。

大数据正在成为科学发现的新引擎，为科学研究带来新范式和新方法。2008年，*Nature* 出版以"大数据"为主题的专刊（Nature Editors，2008）。2009年，《第四范式：数据密集型的科学发现》（The Fourth Paradigm: Data-Intensive Scientific Discovery）（Hey，2012）提出大数据时代数据密集型计算的新型研究方法。2011年，*Science* 推出"数据处理"专刊（Science Editors，2011），侧重大数据处理方法的研究。2012年美国政府发布"大数据研究和发展倡议"，由美国地质调查局（United States Geological Survey，USGS）牵头负责，提升从海量、复杂的地球系统科学数据中获取知识的能力[①]，从而降低如气候变化、地震预测等领域的不确定性。2015年，美国国家海洋与大气管理局（National Oceanic and Atmospheric Administration，NOAA）宣布启动大数据项目。在我国，大数据已上升为国家战略。2015年国务院印发的《促进大数据发展行动纲要》中提出，要促进信息技术发展、深化大数据的创新应用、提升新型服务业态，发挥大数据的科学价值、社会价值和经济价值。2021年，工业和信息化部"十四五"大数据产业发展规划出台，促进大数据在工业研发、制造业、产业链流程环节等领域应用。

在大数据时代，科学研究范式正在演化和转变。科学研究范式是科学研究所遵循的通用观点和行为方式，是科学研究的公认理论基础和实践规范（Kuhn，1962）。科学研究范式的进步由科学研究方法的进步所推动，而大数据时代的科学研究方法从传统的假设和模型驱动方法向科学数据挖掘的方法转变。伴随着科学研究从由模型驱动到由数据驱动，一种新的科学研究方法——数据密集型研究方法正式确立，科学研究范式也相应地发展到第四范式——数据密集型科学发现范式（郭华东等，2014）。数据密集型科学的出现使科学研究以数据为中心、以数据为驱动的特征更为突出（邓仲华和李志芳，2013）。数据密集型研究方法用海量数据代替少量样本，用混杂数据代替精确数据，重视挖掘数据中的关联关系（江大白和徐飞，2016）。数据密集型科学发现范式较少依赖假设、模型或先验知识，而是分析和挖掘大数据的关联关系、复杂模式和变化规律（张旗和周永章，2017）。数据密集型科学发现范式已应用在许多大型科学计划，如大型巡天望远镜、大型强子对撞机、人类基因组计划和世界微生物数据库等，并通过大科学装置或观测设备形成大数据资源，由数据驱动实现科学发现（黎建辉等，2018）。同时，大数据的技术发展打通了从数据管理、处理到信息提取和共享分发的完整链路。以往科学研究更多依赖数据获取渠道，数据壁垒会成为决定研究成败的主要因素之一。但是，在大数据时代，数据壁垒被打破，数据和信息资源通过网络更加通畅流通，

[①] Bristol R S, Euliss J N H, Booth N L, et al. 2012. Science strategy for core science systems in the US Geological Survey, 2013-2023. US Geological Survey.

数据获取已不是科学研究需要面临的主要问题。大数据时代的科学研究通过数据、模型和算法的综合集成，以知识发现为目标的特点越加凸显。

大数据时代的科学研究正从区域和国家尺度向大洲和全球尺度扩展；从单学科向多学科、跨学科方向发展；从自然科学向自然科学与社会科学的融合领域进步；从个人、团队等中小型研究单元向国际科技组织、国际科学计划等力量推动。科学范式的转变是大数据时代科学创新与知识发现的新引擎（姜昊和郭华东，2019）。

2. 地球大数据科学及应用

科学数据包含即时收集到的观察数据、源自实验室仪器设备的实验数据、源自测试模型的模拟仿真数据和互联网数据等（邓仲华和李志芳，2013）。数据密集型范式在地球科学领域尤为重要。地球科学数据是地球科学研究和创新的重要源泉之一。在大数据时代，更综合的地球系统科学的研究变为可能，成为一种未来趋势。大数据时代的地球科学数据强调数据的整体性、多源性和关联性，强调地球科学整体规律的挖掘和分析（诸云强等，2015）。具有代表性的佐证包括提供海量地球观测数据的陆地卫星计划（Landsat）。自 1972 年 7 月 23 日 NASA 发射该计划第一颗地球资源技术卫星，到 Landsat-8 卫星，该系列卫星数据目前可公开的数据量已经超过 PB 量级，在土地生态环境和生存条件、森林覆盖监测、水体资源利用等方面发挥作用（Hansen et al.，2013；Pekel et al.，2016；Jean et al.，2016）。2008 年，美国地质调查局宣布将该卫星计划数据免费共享。海量地球数据和信息资源共享的价值巨大，以加速数据共享促进地球科学的发展，意义十分重大（Wulder and Coops，2014）。

作为少量依赖因果关系，而主要依靠相关性发现新知识的研究新模式，科学大数据已成为继经验、理论和计算模式之后的数据密集型科学范式的典型代表。在地球科学和大数据发展背景下，郭华东等（2014）正式提出**地球大数据**概念——针对地球科学领域的、具有空间属性的科学大数据集合，是新一代数字地球的表现形式。

地球大数据主要产生于大型科学实验装置、探测设备、传感器、社会经济观测以及计算机模拟过程，具有海量、多源、异构、多时相、多尺度、非平稳等大数据的一般性质，同时也具有很强的时空关联性和物理关联性，以及数据生成方法和来源的可控性（Guo，2017a，2017b；Guo et al.，2022）。2020 年，Guo 等又进一步提出地球大数据科学，其是自然科学、社会科学以及工程学交叉融合的产物，基于地球大数据分析来系统研究地球系统的关联和耦合，即综合应用大数据、人工智能和云计算，将地球当作一个整体进行观测和研究，理解地球自然系统与人类社会系统间复杂的交互作用和发展演进过程,可为联合国 2030 年可持续发展议程、全球发展倡议、共建"一带一路"等作出重要贡献(Guo,2018;Guo et al.,2020,2021)。

地球大数据在使人类面临巨大的挑战的同时也带来了巨大的机遇:一方面,现有的数据处理手段难以发挥地球大数据优势,需要开发出相应的整合机制和方法,探索由大数据驱动的科学发现新范式;另一方面,地球大数据将为地球科学乃至其他领域的可持续发展带来巨大的变革(图 2.1)。

地球大数据以岩石圈、水圈、大气圈、生物圈、冰冻圈为科学研究目标,利用人工智能、机器人学、物联网、边缘计算、云计算、数据立方体等数字化技术开展地球系统多圈层相互作用研究,以多种对地观测手段采集多圈层自然数据,并结合经济、社会、文化、政策、社会发展等人文科学数据,从不同时空尺度开展自然–社会的耦合研究,最终实现知识体系构建、科学发现、技术创新、决策支持和知识传播。地球大数据的主要任务是利用各种工具和算法,从多源、海量、复杂的地球大数据中获取知识,发展相关理论来解释社会–物理系统的运行及演变机制,以确保建立一个对保护地球至关重要的可持续发展人类社会。因此,地球大数据科学研究对于解决重大社会问题来说至关重要(Guo,2018,2020;Guo et al.,2020)。

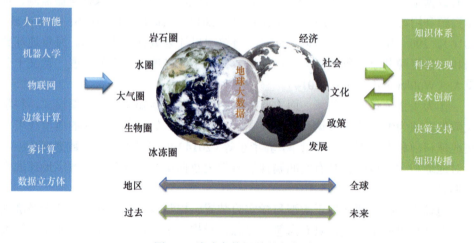

图 2.1 地球大数据科学生态系统

地球大数据科学包括用来研究地球大数据科学生态系统的方法和技术活动。作为一个有机体,它支持从与地球处理相关的数据中系统地发现信息。这包括开发和部署各种方法和技术,这些方法和技术能够在一个有效的分析环境中收集、存储、检索和访问不同自然领域和社会领域中的数据，还包含对应的地球大数据科学价值链框架（图 2.2）。例如，地球大数据生态系统必须能够在地理环境中集成不同的输入，从而使不同社区能够访问，并确保数据和信息的公开化。

图 2.2　地球大数据科学价值链框架

HPC 表示高性能计算(high performance computing)，HTC 表示高通量计算(high throughput computing)

地球大数据科学的主要技术体系包括数据泛在感知、数据可信共享、多元数据融合、数据孪生及复杂模拟、空间地球智能认知。

1）数据泛在感知

充分利用全空间体系的数据感知与采集设施，基于统一的数据资源体系框架，实现泛在数据的高效感知与集成，并为数据融合、关联分析、空间统计等提供即时可用数据源。

2）数据可信共享

通过分布式账本（distributed ledger），精确记录地球空间数据在整个生命周期中经历的全部处理流程及其精度水平，保证数据可溯源、决策可信、隐私数据可保护性使用。

3）多元数据融合

为了充分挖掘多元数据的关联关系及其价值，通过多层次、多角度、多尺度的数据关联、转换、过滤、集成等，实现价值提升，进而为决策制定提供知识。

4）数据孪生及复杂模拟

采用非线性、高维度的复杂系统模拟地理、人文、社会、经济等多要素约束下的地球系统演变、发展规律，并根据多重反馈源数据进行自我学习，近乎实时地在数字世界里呈现物理实体的真实状况。

5）空间地球智能认知

在要素提取、识别、分类等机器视觉的基本功能完成的基础上，辅以人工智能、机器学习和软件分析，使得模拟系统能够像人一样认知、理解地球系统的复杂现象和过程。

总而言之，地球大数据具有海量、多源，以及更精准、更科学、更及时的独特优势，可实现多源时空数据的汇聚存储、计算处理、融合分析、高效组织与共享服务，是影响地球科学研究发展的重要挑战，是新型国家战略资源（郭华东和梁栋，2023）。

2.1.2　地球大数据云服务平台

中国科学院建成的地球大数据云服务平台，针对科学数据分析处理全过程优化设计，采用独特系统架构融合了超级计算、大数据云、海量数据存储系统，并实现了平台内数据在不同子系统间的高速共享，可为科研工作者提供"一站式"数据存储、计算、分析、处理等服务。除提供计算和存储资源外，平台集成了自主研发的大数据资源库、国际遥感数据汇聚分系统、地面监测数据资源汇聚与共享系统、DataBox、EarthDataMiner 地球大数据挖掘分析系统等诸多自主研发的应用软件系统，通过统一的云服务门户提供数据共享、基础设施云、在线计算分析、数据分析环境按需定制等服务。

1. 基础设施平台

基础设施平台具有每秒 1000 万亿次的双精度浮点超级计算能力，每秒 1000 万亿次的云计算、大数据分析处理能力，50.2PB 的数据存储容量。平台由超级计算子系统、大数据云子系统、数据存储子系统、高速内部网络子系统共同组成（图 2.3）。与其他常见的超级计算系统、云计算系统不同，云服务基础设施平台在数据层面打通超级计算和云计算，借助数据存储子系统，数据可以在超级计算资源与云计算资源之间高速共享。用户凭借科技云通行证，经统一的资源服务门户登录后，可申请、获取、使用平台内的超级计算、云计算、数据存储资源，并在平台资源的支持下，按需定制数据处理环境。基于数据在平台内高速共享的特性，用户可利用申请到的平台内超级计算资源、云计算资源、自定义数据处理环境，对数据存储系统中的同一份数据进行计算模拟、分析处理，以及共享发布，进而实现自助式、一站化、流水线式的应用服务场景，丰富科研数据处理手段，支持以数据为中心的科研活动的开展，提升科研数据处理效率，形成为地球科学研究的一体化基础设施平台（图 2.4）。

云服务基础设施平台采用了一种用于科研大数据存算一体化处理的新型超融合计算系统架构，该架构将超级计算子系统、大数据云子系统、数据存储子系统

图 2.3 地球大数据云服务基础设施平台

图 2.4 基础设施平台运行监控

以及高速网络子系统融合于单一计算系统中。其中，超级计算子系统利用并行化计算方法满足对计算精度、计算规模具有较高要求的科研数据处理需求；大数据云子系统借助虚拟化技术满足分布式计算环境、个性化科研计算环境的快速定制、发布需求；数据存储子系统用于储存文件形态、对象形态的海量科研数据，满足数据处理过程中的临时数据交换和存储需求，以及数据处理后共享发布的存储需求；高速网络子系统负责超级计算系统、大数据云系统、数据存储系统间的互联互通，满足海量科研数据在上述各系统之间的快速交换需求，为实现"流水线"式数据处理提供底层物理支撑。云服务基础设施平台实现了以数据为中心的一体化处理环境，方便用户在单一系统/平台中完成对科研数据的存储、计算、仿真、分析、发布、共享等的全流程处理。

此外，为提升用户与云服务基础设施之间的交互体验，结合用户需求，定制开发了一站式自助服务超融合服务平台。通过统一服务门户，为用户提供科研数据的汇交、大数据处理分析、高性能计算模拟、科研成果发布–展示、重要数据存储备份、用户自定义数据处理平台快速构建等一站式自助服务。融合服务平台的 PaaS 层基于超级计算子系统提供高性能计算功能、基于数据存储子系统实现数据汇交存储功能、基于大数据云子系统提供基础设施供给功能，以及基于大数据云子系统实现个性化计算环境定制功能。

2. 具有 PB 级管理能力的多学科融合的地球大数据资源库

地球大数据云平台自主研发了数据共享服务系统，突破了多源数据融合、跨学科关联检索和多维推荐等关键技术，支持了数据资源的发布与共享服务，探索并实现了分布式数据库与云服务平台互联互通。大数据资源系统为全球用户提供系统、多元、动态、连续并具有全球唯一标识的规范化的地球大数据，通过建立数据、计算与服务为一体的数据共享系统，推动形成地球科学数据共享新模式，主要包括如下特点：①采用数据对象方式实现多学科数据融合管理；②提供数据唯一标识服务，实现平台数据的全球可定位、可引用、可计量；③面向数据特点提供项目分类、关键词检索、标签云过滤、数据关联推荐等多种数据发现模式；④针对机器可发现、可操作目标，提供 API 接口访问等多种数据获取模式；⑤设计基于数据类型的多学科数据智能化服务模式，实现多格式数据的快速预览、查询。

3. 支持地球大数据全链条管理、计算、分析的系统软件栈

地球大数据云平台自主研发对地观测数据管理、计算、分析挖掘系统软件，形成数据、计算与服务的完整链条，提供了时空数据管理与分析服务的中国方案，主要包括 PB 级格网数据引擎、面向时空数据的 MPP 数据库引擎、地球大数据挖掘分析系统等。

1) PB 级格网数据引擎

格网数据引擎软件系统面向国内海量对地观测数据的高效检索和按需分析的应用需求开发，支持 PB 级遥感剖分格网数据的高效组织、管理、分析和按需访问。目前，格网数据引擎提供 20 个 Python 3 版本支持并发读写的 API 接口函数，支撑超过 20 万景 DataBank Landsat RTU 数据的管理和高效并发访问（数据量超过 100TB），实现超过 10TB 的全国高分一张图的免预切 TMS 快速发布服务。为栅格数据的查询分析提供了新的解决思路。

2) 面向时空数据的 MPP 数据库引擎

平台研制和部署了支持 GIS 扩展的 MPP 数据库引擎，可支持千亿记录级结构化数据处理，相对单机数据库引擎在特定场景下可提高 70 倍的查询性能，实现了 ANSI SQL 2008 标准和 2003 OLAP 扩展，支持标准的 Java 数据库连接（JDBC）和开放式数据库连接（ODBC）接口，同时具有良好的兼容性和开放性，可无缝集成业界主流提取–转换–加载（ETL）及商业智能（BI）工具。

3) 地球大数据挖掘分析系统

地球大数据挖掘分析系统（EarthDataMiner）云服务 V1.0，为地球大数据领域科学家提供多领域交叉融合的挖掘分析工具系统。该系统引入前沿机器学习算法，利用高质高效的模型与算法共享机制，提升多领域综合分析模型的创新设计质量和效率，降低开发难度，实现挖掘分析全流程的开发运行一体化支撑，支持宏观决策、促进交叉科学研究和重大科学发现。

2.1.3　谷歌地球引擎

谷歌地球引擎（Google Earth Engine，GEE）是基于云计算的地理空间数据处理平台。其目的是在全球范围内执行高度交互式算法开发，推动大数据的发展，实现高影响力、数据驱动的科学，在涉及大型地理空间数据集的全球挑战方面取得实质性进展。GEE 是全球尺度地理空间分析平台，它将谷歌强大的计算能力应用于森林砍伐、干旱、灾害、疾病、粮食安全、水资源管理、气候监测和环境保护等各种影响巨大的社会问题中。它在该领域的独特之处在于，它是一个集成平台，不仅适用于传统遥感科学家，还为缺乏传统超级计算机和需要大量计算的用户提供服务。

1. Google Earth Engine 数据集

GEE 的数据集公共可用的遥感图像和其他数据的数据量达到 PB 级。绝大部分的数据是对地观测遥感图像、气象数据、土地覆盖数据、地形数据、地球物理和社会经济等数据集，并且以每天约 6000 景数据的速度不断更新，延迟时间约为 24h。GEE 中所有的公共数据，对于所有非商业应用的用户都是免费公开的，用户可在浏览器的主界面查询自己要使用的数据，查看所需数据的简介、空间分辨率、时间分辨率、提供单位、预处理方法与步骤等相关信息，可以根据数据集的 ID 导入工作空间，进行数据处理、分析以及可视化。用户也可以向 GEE 平台提出申请，建议添加新的其他数据。同时也可以上传自己本地的矢量、影像、表格等数据到 Google Assets，并根据需要与其他合作用户或者用户组共享。GEE 的公共数据集中主要包括以下几个部分：

1）遥感影像数据

遥感数据主要有美国地质调查局（USGS）和美国国家航空航天局（NASA）提供的 1972 年至今的 Landsat 系列数据和中分辨率成像光谱仪（MODIS）数据产品、欧洲航天局（ESA）的 Sentinel-1A/B、Sentinel-2、Sentinel-3 系列数据，以及美国国防气象卫星（DMSP）获取的夜间灯光影像数据等。

2）天气和气候数据集

大气数据主要有 MODIS 的大气产品 MOD08、O_3 总量绘图系统和检测仪测量的 O_3 数据。天气数据有美国国家海洋和大气管理局的全球天气预报数据、美国国家环境预报中心的气候预报数据，以及热带降雨观测数据等，可用于对短期的降水、气温、湿度、天气状况等做预测分析。气候数据有网格表面气象数据集（Grid-MET）和 NASA 的北美陆地数据同化系统数据等，可用于气候变化长时间序列的预测与分析。

3）地球物理数据

地形数据有航天飞机雷达地形测绘任务（shuttle radar topography mission，SRTM）生产的全球 30m 的 DEM 数据和区域更高分辨率的 DEM 数据，以及全球河网（Hydro SHEDS）数据等。

4）土地利用数据

土地利用数据有 MODIS 全球土地利用数据产品 MCD12、ESA 的 Global Cover 产品，以及美国土地利用数据集等；耕地数据有美国国家农业统计局和全球粮食安全支持分析得到的耕地数据产品；地表温度数据集包含 MODIS MOD11 产品，以及 ASTER 和 AVHRR 反演产品。此外，还有其他类型的数据，如人口统计数据 WorldPop 和 GPWv4、全球和部分地区的矢量数据等。

2. Google Earth Engine 系统架构

GEE 系统架构主要包括 Borg 集群管理系统、Spanner 分布式数据库、Bigtable 谷歌文件系统，以及用于并行管道执行的 Flume Java 框架。GEE 可以与 Google Fusion Tables 互操作，是一个基于网络的数据库，支持带有属性的几何数据表（点、线和多边形）。用户将利用代码编辑器和第三方应用程序使用客户端函数库，通过 REST API 向系统发送交互式查询或批量查询。On-the-Fly 请求由前端服务器处理，前端服务器将复杂的子查询转发给 Compute Masters，Compute Masters 管理计算服务器池之间的计算分配。批处理系统以类似的方式运行，但使用 Flume Java 来管理分发。支持两个计算系统数据服务的集合，包含每个图像元数据的资产数据库，并提供有效的过滤功能。Borg 集群管理软件管理系统的每个组件，并且每个服务在多个工作单元之间进行负载平衡。任何一个工作单元失败只会导致调用者重新发出查询。Google Earth Engine 系统架构如图 2.5 所示。

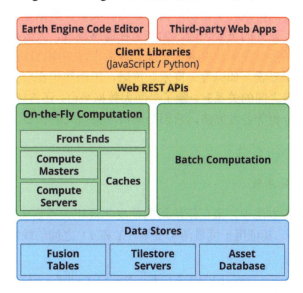

图 2.5　Google Earth Engine 系统架构图（Gorelick et al.，2017）

Earth Engine Code Editor 表示地球引擎代码编辑器，Third-party Web Apps 表示第三方网络应用程序，Client Libraries 表示客户端库，Web REST APIs 表示网络表现层数据转换应用程序接口，On-the-Fly Computation 表示动态计算，Front Ends 表示前端，Compute Masters 表示计算主服务器，Compute Servers 表示计算服务器，Caches 表示缓存，Batch Computation 表示批量计算，Data Stores 表示数据存储，Fusion Tables 表示融合表，Tilestore Servers 表示瓦片存储服务器，Asset Database 表示资产数据库

GEE 用户可利用 800 多个函数来构建查询和分析功能模型，这些函数有简单的数学函数和强大的地理统计学函数、机器学习和图像处理函数。使用图像代数函数可以实现图像之间的操作和计算，并且支持高阶函数 map 和 iterate 等，用于图像整个集合的计算。

基于图像的函数大部分是基于像素的代数运算，在每个波段或条带上运行，包括整型和浮点型，逻辑比较，位操作，类型转换，条件运算和多维矩阵操作。还包括常见的像素操纵函数，如表的查找、分段线性插值、多项式评估和归一化计算。API 库有预先实现的机器学习工具包，有 20 多种类型的监督分类、回归和非监督分类，以及分类精度评估的混淆矩阵、分类精度、Kappa 系数等相关的计算函数。在机器视觉方面，有常见的基于内核的操作，如卷积、形态操作、距离和纹理分析，以及基于邻域的分析，如梯度、斜率、宽高比和连通性等。功能包括图像和波段元数据操作、投影和重采样操作、掩膜和裁剪、图像的位移和配准等（Gorelick et al.，2017）。

2.2 时空关联关系分析方法

南极冰盖研究的特点在于范围广阔、数据种类多、数据量大，因此各种大数据平台是南极冰盖研究的重要手段，尤其是在遥感领域，大数据平台提供的海量数据处理能力，满足时序大尺度数据快速处理需求，是南极冰盖研究的基础。同时，具体针对某个要素，如温度、降水、冻融、藻类等，在研究它们的时空变化特征或与其他要素之间的关系时，除了借助大数据平台，还需要用到相关性分析、时空分析、因果分析等各种方法，它们是南极冰盖研究的核心。

2.2.1 相关性分析方法

1. 皮尔逊相关系数

在相关性分析方法中，最广泛应用的是皮尔逊相关系数（Pearson correlation coefficient，PCC），其可用于度量两个变量（X 和 Y）之间的线性相关程度，其计算公式为

$$\rho(x,y) = \frac{\mathrm{con}(X,Y)}{\sqrt{D(X)}\sqrt{D(Y)}} = \frac{E\left\{\left[X-E(X)\right]\left[Y-E(Y)\right]\right\}}{\sqrt{D(X)}\sqrt{D(Y)}} \tag{2.1}$$

式中，X、Y 表示输入变量；E 表示数学期望；D 表示方差；con（X，Y）表示两个变量的协方差。

2. 奇异值分解

奇异值分解（singular value decomposition，SVD）是用于研究两个要素场之间的相互关系的重要诊断工具，该方法是由 Prohaska 在 1976 年首先提出并发展而来的。它以两个场的最大协方差为基础展开，由于其计算简便，近年来被广泛应用于气候诊断研究中。SVD 计算的步骤如下：

（1）计算两个气象要素场 $_{m1}X_n$、$_{m2}Y_n$ 的交叉协方差阵 A，$_{m1}A_{m2}=XY^{T}$；

（2）将 A 做 SVD 分解，$A=U\sum V^{T}$，其中 $_{m1}U_r$、$_{m2}V_r$ 分别是 $m1$ 维和 $m2$ 维的正交列向量，$\Sigma=(\sigma_1,\sigma_2,\cdots,\sigma_r)$，$r\leqslant\min(m,n)$，$\sigma_r$ 称为奇异值且 $\sigma_1\geqslant\sigma_2\geqslant\cdots\sigma_r>0$；

（3）将 X、Y 场按各自的奇向量展开，$_{m1}X_n=_{m1}U_r\cdot_{r}T_n$、$_{m1}Y_n=_{m2}V_r\cdot_{r}Z_n$，其中 $_{r}T_n$、$_{r}Z_n$ 是 r 个行向量正交的时间权重系数矩阵，分别与 U、V 对应；

（4）计算左右奇向量的时间相关系数 R_{ij}：

$$R_{ij}=\frac{\sum_{t=1}^{n}\left(a_{it}-\overline{a_i}\right)\cdot\left(b_{jt}-\overline{b_j}\right)}{\left[\sum_{t=1}^{n}\left(a_{it}-\overline{a_i}\right)^2\cdot\sum_{t=1}^{n}\left(b_{jt}-\overline{b_j}\right)^2\right]^{\frac{1}{2}}} \tag{2.2}$$

其中 a、b 分别是 T、Z 的元素，$\overline{a_i}=\frac{1}{n}\sum_{t=1}^{n}a_{it}$、$\overline{b_j}=\frac{1}{n}\sum_{t=1}^{n}b_{jt}$　$i,j=1,2,\cdots,r$；

（5）计算奇向量的方差贡献量以及累计方差贡献，第 k 对奇向量的方差贡献为

$$SCF_k=\sigma_k^2/\sum_{i=1}^{r}\sigma_i^2 \tag{2.3}$$

前 k 对奇向量方差累计贡献量为

$$CSCF_k=\sum_{i=1}^{k}\sigma_i^2/\sum_{i=1}^{r}\sigma_i^2 \tag{2.4}$$

左场 X 与左奇异向量的时间系数矩阵 U 之间的相关系数 $R(X,U)$ 称为左同类相关系数；右场 Y 与右奇异向量的时间系数矩阵 V 之间的相关系数 $R(Y,V)$ 称为右同类相关系数。其相关系数分布型反映了该向量的空间分布型，在一定程度上代表了两变量场的遥相关型。

左场 X 与右奇异向量的时间系数矩阵 V 之间的相关系数 $R(X,V)$ 称为左异类相关系数；右场 Y 与左奇异向量的时间系数矩阵 U 之间的相关系数 $R(Y,U)$ 称为右异类相关系数。其相关系数分布型代表了两变量场相互关系的分布结构，显著相关区域则是两变量场作用的关键区域。

由于 SVD 模态相关系数随着场的空间自由度的增加而增大，场的空间自由度

越高，就越容易构造出时间上高相关的线性组合。因此，由 SVD 得出的很高的模态相关系数并不能保证统计显著性，一般采用 Monte Carlo 方法进行 SVD 模态的显著性检验。

3. 动态时间规整相关系数

在数据分析和挖掘任务中，前文描述的两组样本之间相关性的皮尔逊相关系数一直是相关性分析中应用最广泛的方法之一。然而，也有研究者指出，PCC 在描述具有一定周期性的数据之间的非线性相关性方面存在一定的局限性（Lobbes and Nelemans，2013；Linke et al.，2020）。因此，如何开发更好的方法来衡量时间序列的变化和相关性是亟待解决的问题之一。

近年来，动态时间规整（dynamic time warping，DTW）算法在时间序列分析领域比较流行，其距离测量精度远高于传统的欧氏距离，尤其是当数据集较小时，被认为是大多数领域中衡量时间序列相似度的最佳方法（Ding et al.，2008；Rakthanmanon et al.，2013），并有效用于衡量时间序列之间的相似度。

笔者团队将其进一步应用于由多个时间序列组成的组，并提出了一种新的相关相似性指标——DTW 相关系数（Liu et al.，2023）。与传统的皮尔逊相关系数相比，它更好地描述了时间序列之间的相关关系，并且可以对不等时间序列进行计算，无须插值，因此具有更好的鲁棒性（Ding et al.，2008），在处理时间序列数据时具有一定的优势。其具体计算方法如下。

给定两组时间序列：

$$Q= q_1, q_2, q_3, \cdots, q_m, \quad C= c_1, c_2, c_3, \cdots, c_n$$

对其做如下变换：

$$\begin{cases} q_i' = \dfrac{\left(q_i - q_{i-1}\right) + \left[\dfrac{\left(q_{i+1} - q_{i-1}\right)}{2}\right]}{2} \\[4mm] q_1' = q_2', 1 < i < m \\[2mm] q_m' = q_{m-1}' \end{cases} \tag{2.5}$$

$$\begin{cases} c_j' = \dfrac{\left(c_j - c_{j-1}\right) + \left[\dfrac{\left(c_{j+1} - c_{j-1}\right)}{2}\right]}{2} \\[4mm] c_1' = c_2', 1 < j < n \\[2mm] c_n' = c_{n-1}' \end{cases} \tag{2.6}$$

计算两组时间序列所构成的曲线之间的 DTW 距离值，定义规整路径为

$$W = \omega_1, \omega_2, \cdots \omega_k, \cdots, \omega_K \qquad (2.7)$$

其中 $\omega_k = (i,j)_k, 1 \leqslant i \leqslant m, 1 \leqslant j \leqslant n, \max(m,n) \leqslant K \leqslant m+n-1$

假设 $\omega_k = (a,b), \omega_{k-1} = (a',b')$，则 W 需要满足以下三个条件。

1）边界性条件

$$\omega_1 = (1,1), \omega_K = (m,n) \qquad (2.8)$$

这代表这条路径必须在矩阵的首尾对角线方格开始和结束。

2）连续性条件

$$a - a' \leqslant 1, b - b' \leqslant 1 \qquad (2.9)$$

这代表这条路径必须是连续的，不能中断。

3）单调性条件

$$a - a' \geqslant 0, b - b' \geqslant 0 \qquad (2.10)$$

这代表这条路径只能沿着时间顺序向前，不可以返回。

满足以上条件的路径被称为规整路径，为找到一个规整路径，使得 $\sum\limits_{k=1}^{K} d(\omega_k)$ 最小，选用欧氏距离的平方作为度量不同点之间距离 d 的公式，即

$$d(i,j) = (q_i - c_j)^2 \qquad (2.11)$$

根据 W 需要满足的条件，在确定了一个 ω_k 之后，ω_{k+1} 只能选择向上、向右或者向右上的三个方向，因此采取动态规划的方法，若定义：

$$\gamma(i,j) = d(q_i, c_j) + \min\{\gamma(i-1, j-1), \gamma(i-1, j), \gamma(i, j-1)\} \qquad (2.12)$$

若未被定义，则假设：

$$\gamma(i,j) = \infty \qquad (2.13)$$

因此首先根据 $\gamma(i,j)$ 的定义和两组时间序列的大小逐行构建一个 $m \times n$ 的 γ 值矩阵，然后利用动态规划的方法，从 ω_1 开始到 ω_k，逐步分解为每次寻找一个最小 $\gamma(i,j)$ 的过程，从而得到使 $\sum\limits_{k=1}^{K} d(\omega_k)$ 最小的路径 W，并将最小路径 W 之和定义为 DTW 距离值，该距离就可以用来描述两组曲线的相似程度。

DTW 算法的本质，即找到两组时间序列上最好的匹配点组去计算距离，DTW 距离值越小，两组曲线越接近。定义 DTW 关联相似性系数 r 为

$$r = 1 - \frac{DTW_{距离值} - \min\left(DTW_{距离值}\right)}{\max\left(DTW_{距离值}\right) - \min\left(DTW_{距离值}\right)} \tag{2.14}$$

因此，r 的值域为 [0, 1]，r 越大则表明两组曲线越接近，相关性越高。

2.2.2　因果分析方法

因果分析方法中，使用最广泛的是格兰杰因果关系检验方法。格兰杰因果关系是一种假设检验的统计方法，检验一组时间序列 x 是否为引起另一组时间序列 y 变化的原因，可以用来衡量时间序列之间相互影响关系，在经济学、气象科学及神经科学等领域广泛应用。

令 x 和 y 为广义平稳序列，首先建立 y 的 p 阶自回归模型，接着，引入 x 的滞后期建立增广回归模型，即

$$y_t = c_1 + \sum_{i=1}^{p} a_{11}^{(i)} y_{t-i} + \sum_{i=1}^{p} a_{12}^{(i)} x_{t-i} + u_{1t} \tag{2.15}$$

$$x_t = c_2 + \sum_{i=1}^{p} a_{21}^{(i)} y_{t-i} + \sum_{i=1}^{p} a_{22}^{(i)} x_{t-i} + u_{2t} \tag{2.16}$$

式中，c_1、c_2 为常数项；$a_{st}^{(i)}(s,t=1,2)$ 为 i 期滞后自回归系数；u_{1t}、u_{2t} 为误差项；x_{t-i}、y_{t-i}（$i=1$，2，$\cdots$，p）分别为 x 和 y 第 i 个时期的值。以 y_t 为例，当自回归系数满足

$$a_{12}^{(1)} = a_{12}^{(2)} = \cdots = a_{12}^{(p)} = 0 \tag{2.17}$$

则不存在 $x_t \rightarrow y_t$ 的格兰杰因果关系。

2.2.3　其他时空分析方法

1. 冻融–气温时空聚类分析

聚类方法采用 K-Means++ 算法，相较于 K-Means 聚类的随机选取初始中心，K-Means++ 算法使用初始化聚类中心代替随机初始化。聚类过程具体包括 2 个步骤：①基于肘部法则（elbow method）确定最优聚类数量（k）；②根据 K-Means++ 算法划分 k 个聚类。

由于事先不知道聚类的数量，因此使用肘部法则确定聚类数量。肘部法则的中心思想是基于一定步长，不断增加聚类数量（k），针对不同 k 值重复执行聚类，并通过判别不同 k 值所对应的误差平方和（sum of the squared errors，SSE），确定最优聚类数量。

对于划分的聚类结果的一个等级，其中心与同一聚类内样本的误差平方和越

小，类内样本的聚合度越高；反之，则越松散。随着聚类数量 k 增加，类内样本的聚合越来越紧密，SSE 逐渐降低；在 k 值达到一定值时，SSE 降低的幅度会骤然减小；之后继续随着 k 值的增加而缓慢降低。SSE 下降突然变缓所对应的 k 值就是最佳等级数量。

令第 i 个聚类为 C_i，聚类 C_i 中的冻融–气温–时间样本为 p，聚类 C_i 中所有样本的均值为 m_i。误差平方和 SSE 为每个聚类的中心点与其同一聚类中样本的距离的平方和，其计算公式为

$$\text{SSE} = \sum_{i=1}^{k} \sum_{p \in c_i} |p - m_i|^2 \tag{2.18}$$

2. Zernike 矩

Zernike 矩可以用作构建特征集，以查找时间序列中固定区域的变化，具有以下特性：①旋转不变性，不具有平移和尺度不变性；②对噪声和形状变化产生的影响具有鲁棒性；③正交性，在特征提取过程中具有最小的信息冗余；④能够描述全局形状，采用低阶矩表示全局特征、高阶矩表示细节特征。

Zernike 矩是一组复多项式，在单位圆的内部形成一个完整的正交集 $x^2 + y^2 \leqslant 1$，这些多项式的形式如下：

$$V_{mn}(x, y) = V_{mn}(r, \theta) = R_{mn}(r)e^{jn\theta} \tag{2.19}$$

式中，m 为多项式的阶数；n 为多项式的重数，满足 $m - |n|$ 是偶数和 $|n| \leqslant m$ 的条件；r 为从原点到像元（x, y）的向量长度；θ 为向量 r 和 x 轴之间的夹角；$R_{mn}(r)$ 为实数部分。

Zernike 径向多项式 $R_{mn}(r)$ 存在，其定义为

$$R_{mn}(r) = \sum_{s=0}^{\frac{m-|p|}{2}} \frac{(-1)^s (m-s)! \, r^{m-2s}}{s! \left(\dfrac{m+|n|}{2} - s\right)! \left(\dfrac{m-|n|}{2} - s\right)!} \tag{2.20}$$

式（2.19）是正交的，满足正交性原则。此外，Zernike 矩将图像函数 $I(x, y)$ 投影在一系列正交基函数上。正交性条件简化了原始图像的表示，生成的矩是独立的。

对于连续图像函数 $I(x, y)$，其在单位圆内的定义为

$$Z_{mn} = \frac{m+1}{\pi} \iint\limits_{x^2 + y^2 \leqslant 1} I(x, y)[V_{mn}(r, \theta)]\mathrm{d}x\mathrm{d}y \tag{2.21}$$

对于数字图像，积分由求和代替，如式（2.22）定义：

$$Z_{mn} = \frac{m+1}{\pi} \sum_x \sum_y I(x,y)[V_{nm}(r,\theta)], x^2 + y^2 \leqslant 1 \qquad (2.22)$$

3. Mann-Kendall 检验

Mann-Kendall 检验基于时间序列的秩与其时间顺序之间的相关性，可用于检索时间序列中的异常信息。

对于时间序列 $X=\{x_1, x_2, \cdots, x_n\}$，定义 r_i 为 $x_1 \sim x_i$ 中小于 x_i 的总个数：

$$r_i = \sum_{j<i} a_{ij} \qquad (2.23)$$

其中，

$$a_{ij} = \begin{cases} 1, x_i > x_j \\ 0, x_i \leqslant x_j \end{cases} \qquad (2.24)$$

构造一秩序列：

$$s_k = \sum_{i=1}^{k} r_i, k = 2, 3, \cdots, n \qquad (2.25)$$

在时间序列随机独立的前提假设下，定义统计量：

$$\mathrm{UF}_k = \frac{[s_k - E(s_k)]}{\sqrt{\mathrm{var}(s_k)}}, k = 1, 2, 3, \cdots, n \qquad (2.26)$$

式中，$\mathrm{UF}_1=0$，$E（s_k）$ 和 $\mathrm{var}（s_k）$ 分别为秩序列 s_k 的期望和方差，在 x_1, x_2, $\cdots$, x_n 独立且具有相同连续分布时，其可由式（2.27）计算：

$$\begin{cases} E(s_k) = \dfrac{k(k-1)}{4} \\ \mathrm{var}(s_k) = \dfrac{k(k-1)(2k+5)}{72} \end{cases} \qquad (2.27)$$

由于 UF_k 近似服从标准正态分布，按照时间序列 x 的顺序 x_1, x_2, $\cdots$, x_n 计算出的统计量序列，给定显著性水平 α（一般取 0.05），根据正态分布表，若$|\mathrm{UF}_k|>U_\alpha$（α 取 0.05 时 U_α 为 1.96），则可表明序列存在明显的趋势变化。

按照时间序列逆序 x_n, x_{n-1}, $\cdots$, x_1，再重复上述过程，使 $\mathrm{UB}_k=-\mathrm{UF}_k$（$k=n$, $n-1$, $\cdots$, 1），$\mathrm{UB}_1=0$。

根据上述过程，在同一坐标图中绘制出 UF 和 UB 曲线以及临界曲线 $U_{0.05}=\pm 1.96$，UF 和 UB 曲线大于 0 的部分就表明序列在该部分具有上升趋势，小于 0 时表明具有下降趋势，超过临界曲线的部分代表趋势显著。UF 和 UB 曲线的交点的横坐标就是发生突变的年份（魏凤英，2007）。

4. 经验正交分解 EOF

经验正交分解（empirical orthogonal functions，EOF）是气象上多变量分析中常用的方法之一。该分解方法把随时间变化的气象要素场分解为空间函数部分和时间函数部分，空间函数部分概括气象场的地域分布特征，这部分是不随时间变化的；而时间函数部分则由空间变量的线性组合所构成，称为主分量，这些主分量的前几个占原空间变化总方差的很大部分，研究主分量随时间变化的规律能代替对场的时间变化的研究，其数学原理见下文描述。对于一个包含 p 个空间点（变量）的 n 维气象场 X，可表示成一个 $p×n$ 的矩阵，把包含 p 个空间点（变量）的场随时间变化进行分解。场中任一空间点 i 和任一时间点 j 的距平值 x_{ij} 可看成由 p 个空间函数 v_{ik} 和时间函数 y_{ki}（$k=1，2，3，\cdots，p$）的线性组合，表现为矩阵形式为 $X = VY$，式中 V、Y 分别称为空间函数矩阵和时间函数矩阵，由于它们是根据场的资料阵 X 进行分解的，分解的函数没有固定的函数形式，但分解过程中要求 V、Y 为正交函数。根据实对称分解定理，$XX^T = VYY^TV^T = V \wedge V^T$，根据特征向量性质，$V^TV = VV^T = I$。

由此可知，空间函数矩阵可从 XXT 矩阵的特征向量得到，而时间函数则可由 $Y = V^TX$ 得到，至此，完成了矩阵 X 的经验正交分解，记 $S = XX^T$。

由于矩阵 S 为协方差阵，设其为非奇异阵，它的秩为 p，其 p 个非零特征值（$\lambda_1 \geq \lambda_2 \geq \cdots \geq \lambda_p$）对应的 p 个特征向量即主分量，各主分量的方差贡献大小按矩阵 S 的特征值大小排列，其中第 k 个主分量的方差贡献为

$$R_k = \frac{\lambda_k}{\sum\limits_{i=1}^{p} \lambda_i} \qquad (2.28)$$

一般计算中仅简单求出矩阵 S 的前几个最大特征值。主要原因在于它没有固定的函数形式，因此可以用前几个分量的时间函数和空间函数来反映场的主要特征；另外，它能在有限的区域上对不规则分布的站点进行分解。

对分解出的经验正交函数的显著性检验，采取 North 等（1982）提出的计算特征值误差范围来进行显著性检验。特征值的误差范围为

$$e_i = \lambda_i \left(\frac{2}{n} \right)^{\frac{1}{2}} \qquad (2.29)$$

N 为样本量，当相邻特征值 λ_i 满足：

$$\lambda_i - \lambda_{i+1} \geq e_i \qquad (2.30)$$

就认为这两个特征值所对应的经验正交函数是有价值的信号。

2.3 南极研究数据集及产品

大数据时代，数据是关键要素和重要资源，是支撑南极地球大数据研究的基础，本节列出一些南极研究常用的数据集和产品。数据的获取和下载主要来源于时空三极环境大数据平台、全球变化科学研究数据出版系统、国家地球系统科学数据共享平台、美国国家冰雪数据中心（NSIDC）等。

1. 南极冰架崩解数据集

1）年崩解数据集（2005～2020 年）

崩解是南极冰架物质平衡的核心过程之一，也是精细监测冰架变化的重要物理量。数据集作者运用 2005～2020 年每年 8 月初的多源遥感数据，包括 2005～2011 年的 ENVISAT ASAR 传感器 WSM 模式影像，2012～2014 年 Terra/Aqua MODIS 传感器 7-2-1 波段合成影像，2013～2020 年 Landsat-8 OLI 传感器 2-3-4 波段合成影像，2015～2020 年 Sentinel-1 SAR 传感器 EW 模式影像，经过预处理、镶嵌得到年度环南极海岸线影像镶嵌图；结合 MEaSUREs 冰流速和触地线数据、冰厚度数据 Bedmap 和 BedMachine，应用空间计算和地图数字化技术，提取了 2005 年 8 月～2020 年 8 月 14 年南极冰架发生的所有面积在 1 km^2 以上的年崩解事件，计算了它们的面积、厚度、体积、崩解量与崩解周期等，得到南极冰架年崩解数据集（2005～2020 年）。该数据集包括 15 个年度南极冰架崩解分布数据，同时含有冰架崩解年份区间、崩解区长度、面积、平均厚度、崩解量、崩解周期等信息，可以直接反映不同年份南极冰架崩解的量级特征和分布情况，填补了国际上对冰架崩解定量精细评估数据的空缺，为后续崩解机理研究、冰架—冰盖系统的物质平衡研究提供了基础性数据。

2）月崩解数据集（2010～2019 年）

该数据集基于冰架年崩解数据产品，结合多源遥感影像数据，利用空间数据编辑及计算功能提取了 2010 年 8 月～2019 年 8 月南极冰架的月崩解事件的发生位置及崩解区范围。其中，遥感数据优先选择 2010 年 8 月～2019 年 8 月每月前 3 天的遥感影像作为崩解区月份判定依据，包括 2010 年 8 月～2012 年 4 月 ENVISAT ASAR 传感器 WSM 模式影像，2012 年 1 月～2014 年 12 月（极夜除外）Terra/Aqua MODIS 传感器 7-2-1 波段合成影像，2013 年 9 月～2019 年 8 月（极夜除外）Landsat-8 OLI 传感器 2-3-4 波段合成影像，2014 年 10 月～2019 年 8 月 Sentinel-1

SAR 传感器 EW 模式影像。该数据集中崩解区最小提取面积约 0.02 km², 时间分辨率为月, 记录了崩解发生年月、面积、崩解量、周期和类型, 既可以反映每月南极冰架崩解的局部细节特征, 亦可以进行不同尺度下崩解季节性规律的统计分析。

2. 南极冰盖冻融数据集（1999～2019 年）

南极冰盖表面融化是全球气候变化的敏感因子, 其对于南极冰盖的物质能量平衡具有重要影响。该数据集利用 1999～2019 年的微波辐射计 SSM/I 亮温产品、微波散射计 ASCAT 和区域气候模型 RACM02 数据, 基于阈值法获取各个数据源的冻融时间序列, 配准后采用分类三源匹配（Categorical Triple Collocation, CTC）方法融合, 研发得到南极冰盖冻融数据集（1999～2019 年）。其中, 微波辐射计亮温产品来自搭载在国防气象卫星计划（ Defense Meteorological Satellite Program, DMSP）卫星上的 SSM/I 传感器, 空间分辨率为 25 km, 时间分辨率为逐日; 微波散射计产品来自 C 波段的先进散射计（Advanced Scatterometer, ASCAT）, 空间分辨率为 4.45 km, 时间分辨率为逐日; 气候模型来自欧洲中期天气预报中心（European Centre for Medium-Range Weather Forecasts, ECMWF）提供的 ERA-Interim 再分析资料驱动的 RACMO2 模型, 模型液态水含量输出产品的空间分辨率为 27.5 km, 时间范围为 1999～2019 年。该数据集存储为.nc 格式, 空间分辨率为 4.45km, 时间分辨率为日, 数据类型为整型, 其中 1 代表融化, –1 代表冻结。该数据集由 2 个文件组成, 分别包含 1999～2009 年和 2010～2019 年两个时间段的南极冰盖冻融数据, 数据量为 16.7GB（压缩为 1 个文件, 32.2MB）（刘勇等, 2020）。

3. 南北极散射计冰盖表面冻融数据（2015～2019 年）V1.0

微波散射计冰盖冻融数据覆盖时间更新到 2015～2019 年, 空间分辨率为 4.45km, 时间分辨率为逐日, 覆盖范围为南北极冰盖。基于微波辐射计的遥感反演方法, 考虑积雪特性在时空和空间上的变化, 首先提取散射计数据的 DVPR 时间序列数据, 有效利用散射计数据的高时间分辨率, 同时利用通道差去除地形带来的影响; 随后利用广义高斯模型对每一个采样点时间序列的方差值进行拟合, 以此来区分出干湿雪点, 即确定融化范围, 这种广义高斯模型相比于传统的双高斯模型需要的输入参数少, 得到的阈值也具有唯一性; 最后利用移动窗分割算法来精确找到湿雪点的融化开始时间、结束时间以及持续时间, 这样可以有效地去除融化或非融化时期的温度突变所带来的影响。长时间序列星载微波散射计数据来自 QSCAT 和 ASCAT 两个传感器。通过实测站点的验证表明, 南极冰盖冻融探

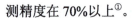

测精度在 70%以上[①]。

4. 南北极 SAR 冰盖表面冻融数据集 V1.0（2015～2019 年）

基于大数据平台和海量 Sentinel-1 EW 模式 SAR 数据，笔者对南北极冰盖冻融进行了探测，首次生产了环南极冰盖和格陵兰冰盖 40m 分辨率月更新冻融产品。经自动气象站温度数据验证，该产品冰盖冻融探测精度达到 90%。目前，数据产品获取时间主要为南北极的夏季，南极冰盖产品包含 1～3 月、10～12 月的数据，格陵兰冰盖的产品包含 5～10 月的数据[②]。

5. 南极高程数据集（2003 年）

该数据集提供了南极洲 1km 分辨率数字高程模型（DEM）。该 DEM 结合了 ERS-1 卫星雷达高度计（SRA）和冰、云和陆地高度计（ICESat）地球科学激光高度计系统（GLAS）的测量数据。ERS-1 数据来自 1994 年 3 月开始的 168 天的两个长重复周期，GLAS 数据来自 2003 年 2 月 20 日～2008 年 3 月 21 日。数据集大约为 240MB，由两个网格化二进制文件和两个用于可视化图像（ENVI）头文件的环境组成，可以使用 ENVI 或其他类似软件包查看。这些数据可以通过 FTP 获得。

6. 南极冰盖表面高程数据（2003～2009 年）

南极冰盖表面高程数据采用雷达高度计数据（ENVISAT RA-2）和激光雷达数据（ICESat/GLAS）制成。为提高 ICESat/GLAS 数据的精度，采用了 5 种不同的质量控制指标对 GLAS 数据进行处理，滤除了 8.36%的不合格数据。这 5 种质量控制指标针对卫星定位误差、大气前向散射、饱和度及云的影响。同时，对 ENVISAT RA-2 数据进行干湿对流层纠正、电离层纠正、固体潮汐纠正和极潮纠正。针对两种不同的测高数据，数据作者提出了一种基于 ENVISAT RA-2 和 GLAS 数据光斑脚印几何相交的高程相对纠正方法，即通过分析 GLAS 脚印点与 ENVISAT RA-2 数据中心点重叠的点对，建立这些相交点对的高度差（GLAS-RA-2）与表征地形起伏的粗糙度之间的相关关系，对具有稳定相关关系的点对进行 ENVISAT RA-2 数据的相对纠正。通过分析南极冰盖不同区域的测高点密度，确定最终 DEM 的分辨率为 1000m。考虑到南极普里兹湾和内陆地区的差异性，将南极冰盖分为 16 个区，利用半方差分析确定最佳插值模型和参数，采用克里金插值方法生成了 1000m 分辨率的南极冰盖高程数据。利用两种机载激光雷达数据和

---

① 梁雷. 2019. 南北极散射计冰盖表面冻融数据(2015-2019)V1.0. 时空三极环境大数据平台.
② 张露. 2019. 南北极 SAR 冰盖表面冻融 V1.0(2015-2019). 时空三极环境大数据平台.

我国多次南极科考实测的 GPS 数据对新的南极 DEM 进行了验证。结果显示，新的 DEM 与实测数据的差值范围为 3.21~27.84m，其误差分布与坡度密切相关[①]。

7. 南极和格陵兰冰盖高程变化数据集（1992~2015 年）

该数据集包括南极和格陵兰冰盖高程变化的数据，数据时间为 1992~2016 年，利用 GRACE 卫星资料获得南极和格陵兰冰盖高程变化。数据覆盖整个南极和格陵兰冰盖，投影方式采用 GCS_WGS_1984。

8. NSIDC 南极海冰数据集（1978~2017 年）

NSIDC 南极海冰数据集共包括四套数据，均来自 SMMR、SSM/I 和 SSMI/S 三个传感器，采用被动微波遥感反演。其中，SMMR 为 Nimbus-7 卫星搭载的扫描式多通道微波辐射计，工作周期为 1978 年 10 月 26 日~1987 年 7 月 8 日。1987 年 7 月至今，使用美国国防气象卫星（DMSP）计划卫星群上搭载的一系列被动微波遥感数据 SSM/I 和微波成像专用传感器 SSMI/S 提供的数据。

前三套为海冰密集度数据，覆盖范围为南极地区，空间分辨率为 25km：

（1）第一套数据来自 Nimbus-7 SMMR 和 DMSP SSM/I-SSMI/S Version1，利用 NASATeam 算法反演得到，覆盖时间为 1978 年 11 月~2017 年 2 月，时间分辨率为逐月；

（2）第二套数据来源与第一套相同，覆盖时间为 1978 年 10 月 26 日~2017 年 2 月 28 日，时间分辨率为两天，空间分辨率为 25km；

（3）第三套数据来自 Near-Real-Time DMSP SSMI/S，利用 NASATeam 算法反演得到，覆盖时间为 2015 年 1 月 1 日~2018 年 2 月 3 日，时间分辨率为逐日。

第四套数据为海冰覆盖范围和海冰面积时间序列。覆盖时间为 1978 年 11 月~2017 年 12 月，为南极地区海冰覆盖范围、海冰面积的时间演变序列，时间分辨率为逐月[②]。

9. 南极冰盖 GRACE-Swarm-GRACE_FO 冰量变化数据集（2002~2019 年）

该数据集包含由卫星重力测量数据得到的 2002 年 4 月~2019 年 12 月南极冰盖质量变化数据。所采用的卫星重力数据来自 NASA 与德国宇航中心（DLR）合作的重力场恢复与气候学实验双星星座（GRACE，2002 年 4 月~2017 年 6 月）及其后续任务 GRACE-FO（2018 年 6 月至今）。由于 GRACE 和 GRACE-FO 之间有一年左右数据间断，额外采用了由 ESA 的 Swarm 星座 GPS 数据反演得到的重

---

① 黄华兵. 2018. 南极冰盖表面高程数据(2003-2009). 时空三极环境大数据平台.
② 李双林, 刘娜. 2018. NSIDC 南极海冰数据集(1978-2017). 时空三极环境大数据平台.

力场数据（2013 年 12 月～2019 年 12 月）。所采用 GRACE 重力场数据为得克萨斯大学奥斯丁分校空间研究中心（CSR）、德国地学研究中心（GFZ）、美国国家航空航天局喷气推进实验室（JPL）以及俄亥俄州立大学（OSU）四家机构发布产品的加权平均模型。GRACE 数据后处理包括：用 SLR 数据解算结果替换 GRACE 低阶重力场参数（degree-1，C20 和 C30），去条带滤波，300km 高斯平滑，ICE6-G_D（VM5a）GIA 模型信号泄漏误差改正，椭球误差改正等[①]。

10. 南极年度冰川流速产品（2013～2019 年）

本数据产品是第一个采用 Landsat-8 光学影像的全色波段(15m 分辨率)获取的南极年度冰川流速产品。所使用的影像时间段为 2013 年 12 月～2019 年 4 月。该南极年度冰川流速产品采用了非局部均值滤波误差以及裸岩区域作为标定的处理方法，提高了冰川流速的细节和定位精度。该产品可以作为评估南极冰盖物质平衡的重要基础资料，也可以作为冰川模型的标定产品[②]。

11. 南极 Amery 冰架流速场数据集 V1.0（2003～2013 年）

该数据集利用 2003～2013 年 11 景的 NSIDC 网站发布的冰架 MODIS1B 数据，采用亚像元互相关方法，应用 COSI-Corr 软件提取南极 Amery 冰架流速，获取近 10 年的年均流速时间序列，由于研究区域内缺乏实地观测，因此利用稳定区域的偏移量值评估冰流结果的精度，冰流误差为±50m/a。冰流场数据覆盖时间为 2003～2013 年，时间分辨率为逐年，覆盖范围为 Amery 区域，空间分辨率为 500m[③]。

12. 南极冰速数据（1975 年 1 月 1 日至今）

该数据集提供了 1975 年以来南极冰盖冰速数据的汇编，旨在供极地科学界使用。该数据以表格形式（ASCII）显示，包含纬度、经度、速度、方位和误差范围。元数据标头描述数据来源、测量时间，并提供有关测量准确度和精确度的详细信息。这些表可用于 FTP 传输。专门为该数据集开发的网页提供了查看和选择速度数据的详细信息。这些页面包含大型卫星图像地图（以 jpeg 文件形式提供）。

13. 南极矢量数据和自动气象站数据

南极矢量数据集是 NASA 支持的"制作地球系统数据记录以用于研究环境"

---

① 张宇, 沈嗣钧. 2020. 南极冰盖 0.25° GRACE-Swarm-GRACE_FO 冰量变化数据集(2002-2019). 时空三极环境大数据平台.

② 沈强. 2020. 南极冰川流速年度产品(2013-2019). 时空三极环境大数据平台.

③ 江利明. 2018. 南极 Amery 冰架流速场数据集 V1.0(2003-2013). 时空三极环境大数据平台.

（MEaSUREs）计划的一部分。该数据集包括南极冰架和海岸线记录，由 ALOS PALSAR 和 ENVISAT ASAR（Rignot et al.，2013）干涉测量产品生成。南极气象站数据由美国威斯康星大学南极气象研究中心（AMRC）和美国南极计划（USAP）提供，以用于验证本研究中获得的表面融化信息，表 2.1 列出了 AWS 站点名称和位置，这些站点记录的温度的时间分辨率为 1h。

表 2.1　南极 AWS 站点名称和位置

站点名称	纬度（°）	经度（°）	高度/m
Austin	−75.995	−87.470	1289
Bear Peninsula	−74.546	−111.885	312
Bonaparte Point	−64.778	−64.067	8
Cape Bird	−77.217	166.439	38.291
Cape Hallett	−72.190	170.160	1
Casey	−66.282	110.528	32
D-10（Dumont D'Urville）	−66.710	139.830	243
Davis	−68.577	77.967	27.5
Dismal Island	−68.087	−68.825	10
Emilia	−78.432	173.181	51.594
Evans Knoll	−74.850	−100.404	188
Ferrell	−77.809	170.818	42.35
Fossil Bluff	−71.329	−68.267	63
Halley	−75.584	−26.788	30
Hugo Island（Santa Clause Island）	−64.962	−65.669	25
Laurie II	−77.451	170.760	35.462
Lorne	−78.200	170.026	42.637
Manuela	−74.946	163.687	78
Marble Point	−77.439	163.754	108
Marble Point II	−77.439	163.759	111.022
Mawson	−67.603	62.874	15
Minna Bluff	−78.555	166.691	895
Pegasus North	−77.952	166.500	8
Port Martin	−66.820	141.390	39
Possession Island	−71.891	171.210	30
Rothera	−67.570	−68.130	—
Thurston Island	−72.532	−97.545	145
Vito	−78.416	177.823	48.939
White Island	−78.076	167.451	686.362

续表

站点名称	纬度（°）	经度（°）	高度/m
Whitlock	−76.142	168.394	262
Willie Field	−77.867	166.947	12
Windless Bight	−77.727	167.678	40.23

注：经度负值代表西经，正值代表东经；纬度负值代表南纬，正值代表北纬。余同。

14. 十年期综合南极西部气温记录（1978 年 10 月 25 日～1997 年 12 月 31 日）

该数据集包括 1978～1997 年四个南极西部内部站点的每日、每月和每年平均地表气温；包括在 Byrd、Lettau、Lynn 和 Siple 自动气象站测量的空气表面温度。此外，南极洲的气象站难以维护，导致数十年的记录往往不完整，调查人员还根据卫星被动微波亮温计算了地表温度。利用发射率进行建模，在已知气温区间对37GHz 垂直极化亮温数据进行校准，使研究人员能够用校准后的亮温数据进行插值。

15. 南极年平均气温图（1957～2003 年）

南极年平均气温图是通过使用来自 NSIDC 的编译的 10m 温度数据和来自核心和站点的其他年平均温度数据创建等高线图来计算的。10m 数据包含可追溯到1957 年和国际地球物理年的温度测量值，包括近期几项主要调查的测量值。数据覆盖整个大陆冰盖和几个冰架，但覆盖密度普遍较低。数据以 Microsoft Excel 和标记图像文件格式（TIFF）存储。

16. 南极 10m 温度数据（1957～1997 年）

大约 10m 深处的温度可以提供对年平均地表气温的近似估计。该数据集是1956 年和国际地球物理年之前的温度测量值的汇编，包括近期几项主要调查的测量值。数据覆盖整个大陆冰盖和几个冰架，但覆盖密度普遍较低。

17. 南极冰盖多年平均表面物质平衡数据集（1900～2010 年）

该数据集包括南极冰盖表面物质平衡数据，观测日期为 1900～2010 年，数据集内容包括通过花杆观测所获得的不同海拔带物质平衡数据，还有一部分通过雪深观测得到。冰盖表面物质平衡观测采用花杆矩阵的方法进行观测，观测的时间也是不定期，具体来说，通过测量每次花杆出露雪面的高度来测量积雪的密度，然后转化成水当量，与前一个时期的观测对比，获得物质平衡数据。观测时间是科学考察期间，一般安排在 3～4 月。数据集作者对获得的冰芯和雪深数据进行了质量控制，获得了冰盖表面物质平衡数据（数据来源于国家科技基础条件平台——

国家地球系统科学数据中心）。

18. 西南极冰盖表面物质平衡数据（1800～2000 年）

该数据集基于高分辨率冰芯代用资料、ERA-Interim 再分析降水和蒸发数据、极地气候模式 RACMO2.3 输出结果，利用改进的类克里格插值方法建立，数据采用 Polar Stereographic 投影，精度优于再分析资料，可用于水文学、气候学及冰川学等学科领域，如气候模式（CMIP5 及 CESM 等）的验证，西南极冰盖物质平衡长时间尺度变化评估研究等[①]。

19. 南极地表覆盖图（1999～2003 年）

全南极高分辨率遥感影像镶嵌图利用美国 Landsat-7 卫星于 1999～2003 年拍摄的 1073 幅影像以及覆盖 82.5°S 以南的中分辨率 MODIS 影像（拍摄于 2005 年）处理合成得到。基于该镶嵌图，结合南极科研需求，采用计算机自动解译和人工辅助相结合的方法，将南极洲地表覆盖划分为六大类：蓝冰、裂隙、裸岩、水体、冰碛、粒雪，得到了 1999～2003 年的南极地表覆盖图。该地图为近似真彩色合成的卫星影像图，各地表覆盖类型采用不同的色块表示。该图主要为极地各学科科学研究、地理教育及科普等提供参考[②]。

20. 南极先锋植物丰度及覆盖分类数据产品（2017～2018 年）

南极半岛亦称帕默半岛或格雷厄姆地，位于西南极洲，是南极大陆最大、向北伸入海洋最远（63°S）的大半岛，东西濒临威德尔海（Weddell Sea）和别林斯高晋海。南极半岛被称为南极洲的“热带”。这里属于典型的副极地海洋性气候，与南极大陆相比，是南极洲最暖、最湿的地区之一，边缘区域的岛屿分布有少量的先锋植物，以苔藓和地衣为主。南极半岛及周边植物丰度数据产品通过实测光谱匹配遥感影像，应用纯像元指数 PPI 提取出苔藓、地衣、岩石、海、积雪的端元波谱，并应用线性混合模型（linear mixture model，LMM）计算得到。菲尔德斯半岛特色植被覆盖度根据其与丰度的相关线性关系获得，除此之外，还获取了 2018 年南极半岛及其周边植物的光谱和标记数据[③]。

21. GLIMS 冰川数据库（1850 年 1 月 1 日至今）

从太空进行全球陆地冰空间监测计划（GLIMS）是一项国际倡议，其目标是

---

① 王叶堂. 2019. 西南极冰盖表面物质平衡数据(1800-2000). 时空三极环境大数据平台.
② 惠凤鸣. 2018. 南极地表覆盖图(1999-2003). 时空三极环境大数据平台.
③ 徐希燕. 2019. 南极先锋植物覆盖分类数据(2017-2018). 时空三极环境大数据平台.

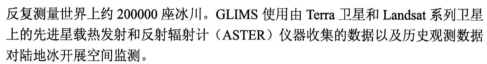

反复测量世界上约 200000 座冰川。GLIMS 使用由 Terra 卫星和 Landsat 系列卫星上的先进星载热发射和反射辐射计（ASTER）仪器收集的数据以及历史观测数据对陆地冰开展空间监测。

GLIMS 计划创建了一个独特的冰川清单，存储了有关世界上所有山地冰川和冰盖变化范围和速率的信息。GLIMS 冰川数据库由许多冰川机构提供的数据构建而成，这些机构由区域协调员管理，负责协调特定区域的冰川绘图结果的制作。GLIMS 冰川数据库通过这些分析为学生、教育工作者、科学家和公众提供可靠的冰川数据。新的冰川数据不断被添加到数据库中。

22. 南极冰架图片（1989 年 8 月 18 日～2020 年 9 月 30 日）

南极半岛冰架范围和稳定性的变化促使 NSIDC 开始使用来自 AVHRR 极地 1km 数据集的数据进行监测计划。NSIDC 定期审查那些被认为容易因气候变暖而迅速变化的冰架的图像，以及其他几个偶尔会产生冰山的主要冰架的图像。该站点中的图像代表可用场景的选定子集，通常是可用的最清晰、信息量最大的场景。场景源自 AVHRR 可见（VIS）或热（Temp）通道，通过使用主成分分析方法，组合两个通道来进行图像增强。在热图像中，明亮的区域是较冷的区域。利用其他传感器（MODIS、Landsat）以提供有关冰架结构和事件的一些补充信息。1992 年 10 月～2009 年 6 月的数据来源于过去的 AVHRR 和 MODIS 数据；从 2001 年到现在的数据是使用 MODIS Aqua 和 Terra Level 1B 校准辐射得出的。

23. 南极航空地球物理数据（1994～2004 年）

航空地球物理研究支持办公室（SOAR）提供的数据包括 1994～2001 年在南极西部冰架（WAIS）进行的各种航空地球物理测量所获得的数据。集成的航空地球物理平台，包括带有载波相位 GPS 的机载重力，以支持运动学差分定位。SOAR 是得克萨斯大学地球物理研究所（UTIG）的一部分，多年来提供与各种活动相关的多种类型的数据（Frémand et al.，2022）。

24. ICESat 高度计的南极活动冰下湖清单（2003 年 9 月 1 日～2009 年 11 月 1 日）

该数据集包含南极冰盖下 124 个活动冰下湖泊的湖泊边界、体积变化和网格海拔。湖泊是使用 NASA ICESat 任务 2003～2009 年获得的激光测高数据确定的。数据以 Keyhole 标记语言（KML）、逗号分隔值（CSV）和 GEOTiff 格式提供，并可通过 FTP 获得。

25. 中国南极中山站至 Dome A 内陆冰盖考察路线数据集

Dome A 位于东南极中心，是南极冰盖尚未开展科学探测的制高点。Dome A 地区直接接受来自地球平流层大气的沉积，这里的冰盖是原始堆积形成的，储存着全球的气候和大气环境信息。Dome A 地区也是南极冷源的中心区，可望获得地球表面的最低温度，是地球气候环境动力系统中的最重要驱动源，是现代地球气候环境动力学本底观测的最理想区域。

该数据集包含中国南极中山站至 Dome A 内陆冰盖考察路线的冰厚度、冰面坡度[①]、降水量、流速数据、GPS 高程数据（王清华等，2001）以及花秆观测数据。

其中，冰面坡度数据为沿中山站至 Dome A 内陆冰盖考察路线 100km 范围（两侧各 50km）冰面坡度，由美国俄亥俄州立大学伯德极地研究中心建立的 DEM 生成。格式为 ESRI 栅格和文本格式。降水量数据为沿中山站至 Dome A 内陆冰盖考察路线 100km 范围（两侧各 50km）的降水量，为美国俄亥俄州立大学伯德极地研究中心大气模拟获得的数据，经插值，输出为分辨率分别为 1km 和 5km 的 ESRI 栅格和文本格式数据。

26. 南极 Law Dome 冰芯甲烷浓度（1010~1980 年）

从公元 1000 年到现在大气中甲烷的浓度在南北极冰芯呈现显著的上升趋势，该数据集来自澳大利亚塔斯马尼亚实验室，对冰芯样品采取湿法提取，通过对所有样品使用相同的测量程序和校准，获取了高分辨率的南极 Law Dome 冰芯甲烷数据[②]。

2.4　小　　结

本章以大数据和时空关联分析方法为中心，主要介绍了地球大数据支撑下，南极冰盖研究的各种数据及方法。海量、多源数据是大数据科学研究的基础，而一流的大数据存储、计算、分析平台则是发挥大数据优势的必要工具。中国科学院建成的地球大数据云服务平台和谷歌地球引擎，均为这种基于云计算的地理空间数据处理平台。利用这些大数据平台获取的南极冰盖冻融、藻类等信息，结合站点气象数据以及科考和冰芯钻探等资料，运用各种时空分析和关联分析方法，生产了海量的南极研究数据集及产品，促进了南极地区的科学研究，也为全球气

---

① 胡红桥. 2019. 中国南极中山站至 DomeA 内陆冰盖考察路线的冰面坡度. 国家冰川冻土沙漠科学数据中心 (http://www.ncdc.ac.cn).

② 杜志恒. 2018. 南极 Law Dome 冰芯甲烷浓度(1010-1980). 时空三极环境大数据平台.

候变化研究和可持续发展提供了支持。

参 考 文 献

邓仲华, 李志芳. 2013. 科学研究范式的演化——大数据时代的科学研究第四范式. 情报资料工作, (4): 19-23.

郭华东, 梁栋. 2023. 地球大数据缘起和进展. 科学通报, 69(1): 58-67.

郭华东, 王力哲, 陈方, 等. 2014. 科学大数据与数字地球. 科学通报, 59(12): 1047-1054.

江大白, 徐飞. 2016. 大数据: 科学方法的新变革. 自然辩证法研究, 32: 109-114.

姜昊, 郭华东. 2019. 地球大数据信息服务方法研究. 北京: 中国科学院大学(中国科学院遥感与数字地球研究所).

黎建辉, 李跃鹏, 王华进, 等. 2018. 科学大数据管理技术与系统. 中国科学院院刊, 33: 796-803.

刘勇, 周春霞, 郑雷, 等. 2020. 多源数据融合的南极冰盖冻融数据集(1999-2019). 全球变化数据学报(中英文), 4(4): 325-331.

王清华, 鄂栋臣, 陈春明. 2001. 中山站至 A 冰穹考察及沿线 GPS 复测结果分析. 武汉大学学报(信息科学版), 26(3): 200-204, 231.

魏凤英. 2007. 现代气候统计诊断与预测技术(第二版). 北京: 气象出版社.

张旗, 周永章. 2017. 大数据时代对科学研究方法的反思——《矿物岩石地球化学通报》2017 大数据专辑代序. 矿物岩石地球化学通报, 36(6): 881-885, 878.

诸云强, 孙九林, 王卷乐, 等. 2015. 论地球数据科学与共享. 国土资源信息化, (1): 3-9.

Ding H, Trajcevski G, Scheuermann P, et al. 2008. Querying and mining of time series data: Experimental comparison of representations and distance measures. Proceedings of the VLDB Endowment, 1(2): 1542-1552.

Frémand A C, Bodart J A, Jordan T A, et al. 2022. British Antarctic Survey's aerogeophysical data: Releasing 25 years of airborne gravity, magnetic, and radar datasets over Antarctica. Earth System Science Data, 14(7): 3379-3410.

Gorelick N, Hancher M, Dixon M, et al. 2017. Google Earth Engine: Planetary-scale geospatial analysis for everyone. Remote Sensing of Environment, 202: 18-27.

Guo H D. 2014. Digital earth: Big earth data. International Journal of Digital Earth, 7: 1-2.

Guo H D. 2017a. Big data drives the development of Earth science. Big Earth Data, 1(1-2): 1-3.

Guo H D. 2017b. Big Earth data: A new frontier in Earth and information sciences. Big Earth Data, 1(1-2): 4-20.

Guo H D. 2018. Steps to the digital Silk Road. Nature, 554(7690): 25-27.

Guo H D. 2020. Big Earth data facilitates sustainable development goals. Big Earth Data, 4(1): 1-2.

Guo H D, Liang D, Sun Z C, et al. 2022. Measuring and evaluating SDG indicators with Big Earth Data. Science Bulletin, 67(17): 1792-1801.

Guo H D, Nativi S, Liang D, et al. 2020. Big Earth Data science: An information framework for a sustainable planet. International Journal of Digital Earth, 13(7): 743-767.

Guo H D. Liang D, Chen F, et al. 2021. Innovative approaches to the Sustainable Development Goals using Big Earth Data. Big Earth Data, 5(3): 263-276.

Hansen M C, Potapov P V, Moore R, et al. 2013. High-resolution global maps of 21st-century forest cover change. Science, 342(6160): 850-853.

Hey T. 2012. The Fourth Paradigm – Data-Intensive Scientific Discovery//Kurbanoğlu S, Al U, Erdoğan P L, et al. E-Science and Information Management. Berlin, Heidelberg: Springer Berlin Heidelberg: 1.

Jean N, Burke M, Xie M, et al. 2016. Combining satellite imagery and machine learning to predict poverty. Science, 353(6301): 790-794.

Kuhn T S. 1962. The Structure of Scientific Revolutions. Chicago: University of Chicago Press.

Linke A C, Mash L E, Fong C H, et al. 2020. Dynamic time warping outperforms Pearson correlation in detecting atypical functional connectivity in autism spectrum disorders. NeuroImage, 223: 117383.

Liu Y, Guo H, Zhang L, et al. 2023. Research on correlation analysis method of time series features based on dynamic time warping algorithm. IEEE Geoscience and Remote Sensing Letters, 20: 1-5.

Lobbes M B I, Nelemans P J. 2013. Good correlation does not automatically imply good agreement: The trouble with comparing tumour size by breast MRI versus histopathology. European Journal of Radiology, 82(12): e906-e907.

Nature Editors. 2008. Community cleverness required. Nature, 455(7209): 1.

Noel G, Matt H, Mike D, et al. 2017. Google Earth Engine: Planetary-scale geospatial analysis for everyone. Remote Sensing of Environment, 202: 18-27.

North G R, Bell T L, Cahalan R F, et al. 1982. Sampling errors in the estimation of empirical orthogonal functions. Monthly Weather Review, 110(7): 699-706.

Pekel J F, Cottam A, Gorelick N, et al. 2016. High-resolution mapping of global surface water and its long-term changes. Nature, 540(7633): 418-422.

Prohaska J T. 1976.A technique for analyzing the linear relationships between two meteorological fields. Monthly Weather Review, 104: 1345-1353.

Rakthanmanon T, Campana B, Mueen A, et al. 2013. Addressing big data time series: Mining trillions of time series subsequences under dynamic time warping. ACM Transactions on Knowledge Discovery from Data (TKDD), 7(3): 1-31.

Rignot E, Jacobs S, Mouginot J, et al. 2013. Ice-shelf melting around Antarctica. Science, 341(6143): 266-270.

Science Editors. 2011. Special issue: Dealing with data. Science, 331: 692-729.

Wulder M A, Coops N C. 2014. Satellites: Make Earth observations open access. Nature, 513(7516): 30-31.

第 3 章

极地冰盖冻融微波遥感机理

本章导读　微波遥感不依赖于太阳光，且不受云雨的影响，具有昼夜全天时、全天候的工作能力，此外，微波波段电磁波对冰雪融化引起的介电常数以及几何结构变化十分敏感，使其被广泛用于冰雪冻融信息监测研究。

本章将重点介绍微波辐射计、散射计和合成孔径雷达三种重要的微波传感器及其冰雪冻融探测技术。

微波遥感卫星的日益丰富，为冰雪探测提供了海量长时序、多尺度监测数据，有力支持了南极地区冰雪研究。

3.1　微波遥感原理与技术

3.1.1　遥感原理概述

遥感是指不通过直接接触而进行测量和识别的信息技术，是运用传感器对物体的电磁波辐射、反射特性的探测，并根据其特性对物体的性质、特征和状态进行分析的理论、方法和应用的科学技术（陈述彭等，1998）。其在数据综合性，大面积观测和时效性等方面，有着传统地面采集手段无法比拟的优势。遥感过程主要包括：辐射源、电磁波与大气作用过程、电磁波与地物作用过程、传感器接收与输出（赵英时，2003）。

电磁波按照波长或频率的顺序排列起来组成电磁波谱，如图 3.1 所示。按照波长可以划分为伽马射线（$10^{-6} \sim 10^{-5} \mu m$）、X 射线（$10^{-5} \sim 10^{-2} \mu m$）、紫外线（$0.1 \sim 0.4 \mu m$）、可见光（$0.4 \sim 0.7 \mu m$）、红外线（$0.7 \sim 10^{3} \mu m$）、微波（$10^{3} \sim 10^{6} \mu m$）和无线电波（$> 10^{6} \mu m$）等区段（吴季，2003）。

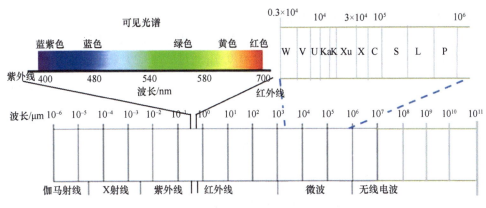

图 3.1　电磁波分类示意图

微波遥感通过主动发射并接收或被动接收微波波段电磁波信号，获取地球表面信息，波长较可见光、红外波段长，在 1～1000 mm，主要包括微波辐射计、微波散射计、合成孔径雷达、微波高度计等类型。微波遥感不依赖于太阳光及其光照条件，具有全天候、全天时及部分地物穿透特征（Ulaby et al.，1981，1982；郭华东，2000）。

遥感技术具备大尺度、长期、高频次及快速的非站点数据采集能力，极有价值，尤其是微波波段对冰雪融化引起的介电常数十分敏感，且不受云层覆盖或缺乏照明的影响，具有在任何天气条件下的白天或夜间采集现场数据的能力，使其在南极被广泛用于监测和其他研究，本书将重点介绍用于冻融探测的微波辐射计、微波散射计和合成孔径雷达技术。

3.1.2　微波辐射计技术

1. 微波辐射探测原理

微波辐射计是测量地球表面物质热电磁发射的高度灵敏接收机，能够被动获取与物质温度和物理特性有关的辐射能量，并记录目标地物的亮度温度（Emery and Camps，2017；Khan et al.，2021）。当微波辐射计的天线主波束指向目标时，天线接收到目标辐射、散射以及传播介质辐射等辐射能量，引起天线视在温度的变化，从而获取地球表面物质信息。

热力学平衡条件下的目标物，其辐射功率是物理温度的函数，在微波范围内与物理温度成正比。理想条件下，黑体是一个完全的发射体，假设物理温度为 T，此时黑体辐射功率为目标物所能辐射的最大功率，用 P_{bh} 表示。

$$P_{bh}=kTB \tag{3.1}$$

式中，k 为玻尔兹曼常数；B 为辐射计带宽。

被动微波遥感中，研究数据为目标物的亮度温度，对式（3.1）进行推导可以得出"辐射温度"的定义。辐射亮度温度 T_B 通过式（3.2）来表征物体的辐射：

$$T_B = \frac{P}{kB}$$ （3.2）

式中，P 为宽度为 B 时物体辐射的功率。

当物体的物理温度为常数 T 时，其辐射率为 $e = \dfrac{T_B}{T}$，在完全反射体和完全吸收体（黑体）之间辐射率的变化范围为 0～1。

简而言之，在被动微波遥感研究中，获取的亮度温度数据与目标物辐射的功率成正比，目标物不同或者目标物状态不同将会拥有不同的功率，从而使研究者能够提取目标物的相关信息，并根据需求对其进行分析。

2. 微波辐射计及数据资源

微波辐射计被动地接收地物在微波波段的热辐射亮度，其重访周期短、数据累计时间长，对于长时间的大尺度趋势变化分析非常有利。目前，广泛使用的微波传感器主要有 SMMR、SSM/I、AMSR、AMSR-E、FY3-MWRI 等，它们均可测量多频双极化地表辐射。

1）SMMR

SMMR 于 1978 年搭载美国雨云卫星 Nimbus-7 发射上天，幅宽为 780km，空间分辨率为 150km；时间分辨率为 1 天，每 5～6 天重访一次；其最低频率为 6.6GHz，是一个 5 个频率 10 个通道的双极化微波辐射计。Nimbus-7 卫星是太阳同步极轨卫星，其轨道面倾角为 99°，轨道周期为 104.16min，是较早被使用的被动微波传感器。

2）SSM/I

SSM/I 搭载于美国国防气象卫星计划 DMSP 中的 F8、F10、F11、F12、F13、F15 卫星平台上，新一代的专用微波成像仪或探测仪 SSMI/I 搭载于 DMSP 的 F17 平台。DMSP 卫星为近极地圆形太阳同步轨道，其轨道周期为 102.2min，轨道面倾角为 98.8°，除南北纬 87°以外 280km 半径的圆形区域外 24h 基本上覆盖全球一次。SSM/I 主要被用于环境参数的检测，如海面风速、海冰分布、冰架融化、大气水蒸气的含量、陆地及海洋温度反演等。

3）AMSR/AMSR-E

AMSR 于 2001 年搭载在日本对地观测卫星 ADEOS-II 发射升空，AMSR-E 是在 AMSR 传感器的基础上改进设计的，于 2002 年搭载 NASA 对地观测卫星 Aqua 发射升空。AMSR 和 AMSR-E 是多频率双极化的被动微波辐射计，在 6.9～89GHz 范围内有 6 个频率 12 个通道，两种传感器的传输方式基本相同，参数也基本一致，两者最大的区别是 AMSR 在上午 10：30 左右穿过赤道而 AMSR-E 则是在下午 13:30 左右穿过赤道。

4）FY3-MWRI

我国的风云三号（FY-3）气象卫星系列已发射 7 颗卫星，包含 FY-3A、FY-3B、FY-3C、FY-3D、FY-3E、FY-3F 和 FY-3G。风云三号系列卫星作为近极地太阳同步卫星，能够快速覆盖地球表面，主要用于地表、海表和大气特征参数的研究。MWRI 是 FY-3 系列卫星所携带的传感器，主要用于冰雪覆盖、降水量、土壤湿度、海冰、海温等方面的研究。FY-3-MWRI 分为两代，第一代为 I 型（MWRI-I），第二代包括 II 型（MWRI-II）和降水型（MWRI-RM）。MWRI-I 提供 53°地面入射角的全球被动微波辐射亮温观测数据，具有 5 个频率的 10 个成像仪通道，分别为 10.65 GHz、18.7 GHz、23.8 GHz、36.5 GHz、89.0 GHz，幅宽 1400km，被搭载在 FY-3A、FY-3B、FY-3C、FY-3D 卫星上。微波成像仪（II 型）对地球表面 10.65～118GHz 单极化或双极化被动微波辐射能量进行观测，搭载在 FY-3F 和 FY-3H 卫星上，22 个遥感通道，光谱范围 10～118GHz，幅宽≥1400km，空间分辨率 5～50km。MWRI-RM 增加了温度探测通道 54GHz、弱降水探测通道 118GHz+166GHz 以及湿度探测通道 183GHz 等，提高了降水、大气温湿度廓线探测能力和性能指标，探测通道数达到 26 个，搭载在 FY-3G 卫星上，幅宽 800km。

主要微波辐射计的数据网站如表 3.1 所示。

表 3.1　主要微波辐射计数据网站

微波辐射计系统	数据网站网址
国防气象卫星系列	https://www.ngdc.noaa.gov/stp/satellite/dmsp/
AMSR 系列	https://global.jaxa.jp/
NOAA 系列	http://www.ngdc.noaa.gov/ngdcinfo/onlineaccess.html
风云 3 号	https://satellite.nsmc.org.cn/DataPortal/cn/home/index.html

3.1.3　微波散射计技术

1. 微波散射探测原理

空中传播的电磁波遇到非光滑物体（散射体）时，电磁波的传播方向、强度、极化方式发生改变，其二次辐射波按一定的规律作扩散分布的现象称为散射。引入散射场概念：定义目标物不存在时空间电场的分布为入射电场 E^i，目标物引入后，空间场总场为 E^t，定义它们之间的差值为散射场 E^s：

$$E^s(r) = E^t(r) - E^i(r) \quad r \notin V \tag{3.3}$$

式中，V 为目标物所在空间。

散射场 E^s 在远区 $(r \gg \lambda)$ 近似随 E^i 呈现线性变化，因此对入射场归一化，可以得到功率之比，即雷达散射截面：

$$\sigma = \frac{4\pi R^2 |E^s|^2}{|E^i|^2}, \quad R \to \infty \tag{3.4}$$

雷达散射截面 σ 仅与方位 θ、φ 有关，具有面积的量纲，其物理意义可解释为：从远处观察目标物所获得的雷达回波信号的强度，可用表面面积度量，其大小为入射场 E^i 的球散射体在该观察点处所截得功率与散射场相同时所需截面的大小。

当目标位分布目标时，雷达散射截面 σ 具有统计定义：

$$\sigma^0 = \frac{<\sigma>}{A_0} \tag{3.5}$$

式中，$<>$ 表示统计平均；A_0 为照射面积；σ 为入射场方向、散射场方向的函数，并且与入射波和散射波的极化有关：

$$\sigma = \sigma^{pq}(\theta_i, \varphi_i, \theta_s, \varphi_s) \tag{3.6}$$

式中，p 为入射波极化；q 为散射波极化；(θ_i, φ_i) 为入射波方向；(θ_s, φ_s) 为散射波方向。

σ^0 通常以分贝表示：

$$\sigma^0(\text{dB}) = 10\lg\sigma^0(\text{m}^2/\text{m}^2) \tag{3.7}$$

在散射计系统中，天线向地表发射微波信号，信号穿透大气到达目标表面。地物将信号向各个方向散射，天线接收到的只是散射中的一部分能量，即后向散射分量。微波系统、探测目标和接收信号三者之间可以用雷达方程来描述。

$$P_r = \frac{\lambda^2 G^2 A P_t}{(4\pi)^3 R^4} \sigma^0 \tag{3.8}$$

式中，P_r 为散射计接收的回波信号的功率；R 为散射计到表面的距离；λ 为发射脉冲的波长；P_t 为发射功率；G 为天线增益；A 为有效照射面积；σ^0 为前面介绍的雷达散射系数。

雷达方程中，接收到的功率 P_r 与发射功率 P_t 成正比，影响其功率大小的有系统参数、信号参数，以及观测地物参数。系统和信号参数包括雷达入射波长、视角和雷达增益，其中增益（G）和波长（λ）与接收功率 P_r 呈二次方指数关系，距离 R 与 P_r 呈 4 次方反比关系；地表参数包括目标接收雷达波面积 A 和目标雷达后向散射系数 σ^0，在进行地物探测时，主要关心的是地物参数如何影响雷达后向散射系数。

$$\sigma^0 = \frac{(4\pi)^3 R^3 P_r}{\lambda^2 G^2 A P_t} \tag{3.9}$$

2. 微波散射计及数据资源

微波散射计根据其扫描方式的不同可以分为侧视扇形波束散射计、前视扇形波束散射计、斜扇形波束散射计，以及扫描式笔形波束散射计，主要应用于海面风场、海冰制图监测、冰盖冻融监测、陆面土壤水及植被参数反演等领域。国内外主要散射计系统如下。

1）SeaWinds/QSCAT

微波散射计 SeaWinds/QSCAT 于 1999 年随 QuickSCAT 卫星发射上天，其工作频率为 13.4GHz，Ku 波段。QSCAT 使用圆锥扫描式笔形天线，采用水平极化（HH）和垂直极化（VV）方式分别在 46°和 54°两个固定入射角对地物进行测量，在极地地区提供频繁且几乎完整的覆盖。QSCAT 数据可以帮助预测风暴、研究气候模式、监测海洋环流和波浪等，在气象、海洋学、气候研究以及环境监测等领域有重要应用。

2）SASS

海洋卫星 SeaSat 上搭载的 SASS 散射计使用的是双扇形束斜观测方式，工作频率为 14.6GHz，Ku 波段，包括 4 个双极化扇形波束天线，它能在地表形成呈现"X"形的照射图。SASS 每侧具有两个倾斜的扇形波束，当卫星移动时，目标表面上的每一点被观测两次，分别用向前和向后的天线观测，可获得来自两个不同观测方向的测量数据。SASS 散射计主要用于测量大气中的水汽、云、降水和气溶胶等成分，在天气预报、气候研究及大气污染监测方面有重要应用。

3）ESCAT

ESCAT 风散射计是搭载在 ERS-1/2 卫星上的 C 波段（5，3GHz）的垂直极化散射计，具有 3 副天线，分别与轨道方向呈 45°（前束）、90°（中束）、135°（后束）交角，向飞行方向的右侧发射脉冲，在约 500km 的观测幅宽里，每个测量节点间距为 25km，沿轨向节点间距为 25km，入射角变化范围为 18°～59°。其微波频率通常在 13.4～14.4GHz，对于测量海洋表面的微波辐射散射特性较为合适。自 1991 年 ERS-1 发射以来，ERS-2 又于 1995 年升空运行，ESCAT 已经连续获取多年的全球散射数据，提供了开展长时间序列全球变化研究的最佳数据。

4）NSCAT

NSCAT 是由 NASA 研制的搭载在日本 ADEOS-I 卫星上的微波散射计，其运行时段为 1996 年 9 月～1997 年 6 月。工作频率为 14.6GHz，Ku 波段，HH 和 VV 极化方式，具有不同的方位和入射角（17°～60°），分辨率约为 25km，幅宽 600km，重叠宽度 200km，极地地区日覆盖数次，其密集的极区覆盖率非常有利于极地研究。

5）HSCAT

HSCAT 是搭载在我国 HY-2 系列卫星（HY-2B、HY-2C、HY-2D 卫星）上的微波散射计，HY-2 系列卫星微波散射计采用 Ku 波段旋转扫描体制，通过内外两个固定入射角的笔形波束测量地球表面的归一化后向散射系数，内波束采用 HH 极化方式，外波束采用 VV 极化，其地面分辨率约为 25km×32km。HSCAT-B 和 HSCAT-C 散射计数据的时间范围为 2020 年 10 月～2021 年 11 月，HSCAT-D 数据的时间范围为 2021 年 6～11 月。HSCAT 数据对于海洋环境调查、海洋灾害预警、海洋资源开发提供了有力的数据支撑。

微波散射计数据产品网站如表 3.2 所示。

表 3.2　主要微波散射计数据网站

数据网站名称	数据网站网址
杨百翰大学微波散射计数据产品网站	http://www.scp.byu.edu/
美国国家冰雪数据中心	http://nsidc.org/
欧洲航天局	http://www.esa.int/ESA/
美国国家航空航天局	http://www.nasa.gov/

3.1.4　合成孔径雷达技术

1. 雷达侧视成像与合成孔径技术

与微波散射计一样，合成孔径雷达通过天线向地表发射微波信号，并接收地物的后向散射分量，雷达方程同样适用。与散射计不同的是，合成孔径雷达（SAR）是一种主动微波侧视成像传感器，它在方位向（传感器运动方向）采用以多普勒频移理论和雷达相干为基础的合成孔径技术，在距离向（多普勒中心方向）采用脉冲压缩技术，来获取地球表面高空间分辨率不同极化方式的后向散射强度及相位信息，并形成 SAR 图像。

为了获取地面散射信息，并形成二维图像，雷达天线通常指向侧面，也就是侧视雷达成像。侧视雷达天线波束在铅垂面内波束较宽，在水平面内波束较窄，当飞机或卫星飞过所覆盖的区域时，其运动产生图像，如图 3.2 所示。雷达发射短脉冲，当脉冲遇到某种类型的目标时，信号便返到飞机或卫星所搭载的雷达，雷达发射短脉冲与接收信号之间的延迟代表目标与雷达间的距离，并利用该距离形成地面二维图像（舒宁，2000；麦特尔，2013）。

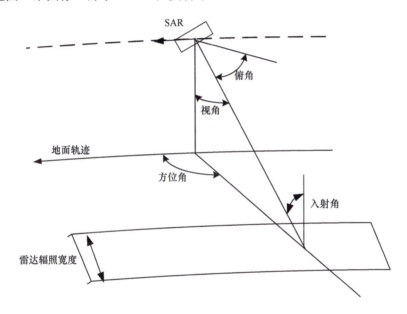

图 3.2 雷达侧视成像示意图

早期的侧视雷达是真实孔径雷达（real aperture radar，RAR），这种体制依赖于由实际天线所决定的波束宽度，其雷达图像单元（像素）的大小由天线波束宽度决定，在方位向（沿飞行轨迹方向）分辨率为

$$r_a = \beta_h R \quad \beta_h \approx \frac{\lambda}{L}(\text{rad}) \tag{3.10}$$

式中，β_h 为波束宽度；R 为斜距；λ 为波长；L 为天线的水平长度。因此，方位向分辨能力是斜距的函数，随距离的增加而降低。在作用距离方向或垂直于航迹的方向上，像素的大小可表示为

$$r_g = \frac{ct}{2\sin\theta} \tag{3.11}$$

式中，r 为像素大小；c 为光速；t 为脉冲持续期；θ 为偏离铅垂方向的角度。

为了解决雷达图像分辨率低的问题，研究人员在距离向采用脉冲压缩技术，在方位向采用合成孔径技术，设计研发了 SAR，提高了雷达图像的分辨率，理论上 SAR 方位向分辨率 r_a 是天线水平长度 L 的一半，且与距离无关。

$$r_a = \frac{L}{2} \tag{3.12}$$

距离向分辨率 r_g 与持续时间 τ 有关或者信号带宽 B 有关，带宽为 B 的信号可以等价处理为持续时间为 $\tau = 1/B$ 的脉冲（c 是光速）。

$$r_g = \frac{c\tau}{2} = \frac{c}{2B} \tag{3.13}$$

2. SAR 图像几何特征

SAR 的斜距成像特点导致雷达图像中会出现阴影（shadow）、叠掩（layover）和透视收缩（foreshortening）等几何畸变现象，如图 3.3 所示。这些现象会改变获取的后向散射回波的大小并影响几何定位精度，是影响南极冰盖冻融探测的重要因素之一。

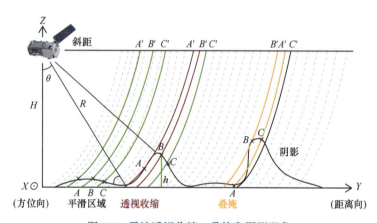

图 3.3　雷达透视收缩、叠掩和阴影现象

θ 为视角，R 为斜距，H 为星下点高度，h 为坡面高度，A、B、C 代表目标点实际位置，A'、B'、C' 代表成像后 SAR 图像中三点对应的距离向位置

透视收缩是指面向雷达的坡面地形特征在 SAR 图像上被压缩，如图 3.3 所示。当斜坡面与雷达入射方向正交时即局部入射角（雷达入射方向与坡面法线的夹角）为 0°时，透视收缩最严重；局部入射角增大时，透视收缩减弱，如图 3.4（a）所

示。叠掩是指目标到 SAR 方向的局部坡度角大于雷达入射角，在 SAR 成像面出现的顶、底倒置的现象，如图 3.4（b）所示。山坡或建筑等坡面背向雷达的照射方向，雷达电磁波无法到达该坡面相关区域，在雷达图像上表现为很暗的图像特征，即阴影，如图 3.4（c）所示。

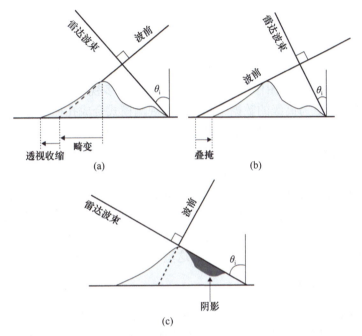

图 3.4　SAR 透视收缩（a）、叠掩（b）和阴影（c）示意图

θ_i 表示局部入射角

3. SAR 系统及数据资源

SAR 自 20 世纪 60 年代正式问世以来，已成为全球变化、资源勘查、环境监测、灾害评估、城市规划以至星球探测等领域的重要手段，是当前国际最前沿的对地观测核心技术之一。自 1957 年密西根大学采用机载平台获得第一张 SAR 影像，向世界证明了 SAR 的高分辨影像获取能力之后，随着半导体技术、数字技术和计算机技术的快速发展，SAR 发展取得不断进步，其中，1978 年 SeaSat-A 卫星的成功发射和运行更是开启了星载 SAR 发展的序幕。

纵观 SAR 技术的发展，其经历从单波段单极化到超高分辨率、多极化、多模式和星座化的发展：第一阶段为单波段单极化 SAR 遥感（如 SeaSat、ERS-1/2、JERS-1、RADARSAT-1 等）；第二阶段为多波段多极化 SAR 遥感（ENVISAT/ASAR 和 SIR-C/X-SAR）；极化 SAR 和干涉 SAR 则代表了第三阶段（如 ALOS/PALSAR

和 RADARSAT-2 等）（Lee and Pottier，2009；Lubin and Massom，2006）；而以极化干涉 SAR（PolinSAR）、三维/四维 SAR（3D/4D SAR）、双站/多站 SAR（Bi-/Multistatic SAR）和数字波束形成 SAR（DBF SAR）为代表的前沿雷达技术的出现则表明第四阶段 SAR 或新型 SAR 的出现（郭华东等，2021）。

SAR 数据产品级别主要分为 3 级（0～2 级）。0 级数据是原始的回波信号（Raw）数据，1 级数据是单视复（single look complex，SLC）数据，2 级数据是高级别应用数据。Raw 数据记录了返回传感器的原始信号，与地面上的目标点无法一一对应；SLC 数据是 Raw 数据经过距离压缩、方位压缩等成像处理后得到的复数图像数据，是最初级的 SAR 图像产品；SLC 数据再经过多视、滤波、几何校正、地理编码等处理得到更为高级的数据产品。根据观测模式合成孔径雷达可以分为条带模式（stripmap）、聚束模式（spotlight）、扫描模式（scanSAR）、方位向电扫描模式（TOPS）、波模式（wave）。

极化、干涉、极化干涉是目前合成孔径雷达重要的发展方向，极化 SAR 能够获得地表目标散射机制相关信息，干涉 SAR 能够获得地表高程及形变信息，极化干涉 SAR 能够获得高度维散射信息。这些方向的快速发展极大地增强了合成孔径雷达的地球地表信息获取能力。作为微波遥感的重要传感器，合成孔径雷达已经在军、民等各个领域得到广泛的应用。这里将介绍一些典型的 SAR 系统。

1）ENVISAT-ASAR

ENVISAT 由 10 个雷达和光学仪器组成，由欧洲航天局于 2002 年 3 月 1 日发射，其可用于开展土地覆盖、海洋、冰盖和大气的连续监测。ASAR 是搭载在 ENVISAT 上的 C 波段 SAR 传感器，共有 5 种工作模式：Image 模式、Alternating Polarisation 模式、Wide Swath 模式、Global Monitoring 模式和 Wave 模式。ENVISAT-ASAR 数据采用了一种以 N1 为后缀的专有文件格式，它将文件的属性信息与数据合为一体，主要包括 MPH（针对所有产品文件的一般头文件）、SPH（针对各个产品文件的特殊信息头）和数据集。这种文件格式能很好地记录两个极化通道的数据，但是对于头文件中所描述的信息依然需要将 N1 文件进行转换后才能方便用户的使用。

2）ALOS-PALSAR

ALOS 由日本宇宙航空研究开发机构于 2006 年 1 月 24 日发射，是 JERS-1 和 ADEOS 的后继卫星，搭载 PRISM、AVNIR-2、PALSAR 三种传感器。其中 PALSAR L 波段 SAR 传感器用于微波成像，旨在为制图、精确的区域土地覆盖观测、灾害监测和资源调查领域作出贡献，ALOS-PALSAR 具有 Fine、ScanSAR、Polarimetric

三种工作模式，采用 CEOS 的文件格式，并将不同极化方式下数据分别存为一个数据文件。

3）TerraSAR-X

TerraSAR-X 是德国于 2007 年 6 月发射的一颗 X 波段高分辨率雷达卫星，具有 6 种成像模式：staring spotlight（ST）模式、high resolution spotlight（HS）模式、spotlight（SL）模式、stripmap（SM）模式、scanSAR（SC）模式和 wide scanSAR（WSC）模式，并具有多种极化方式，广泛应用于农业和林业管理、地质调查、海事监测和制图。头文件采用 xml 格式，使得用户能在不需要特殊软件的支持下阅读卫星的成像参数等信息。而对于影像数据，SLC 数据采用了 cos 的文件方式存储，需要编写程序进行转换，其他等级的图像采用了 TIFF 这一通用的图像格式。

4）RADARSAT-2

RADARSAT-2 由加拿大太空署与麦克唐纳·德特威勒联合（MDA）公司合作、于 2007 年 12 月 14 日发射升空的 C 波段 SAR 卫星，轨道高度 798km，具有多极化模式、较高的分辨率和更高的重访频率，可服务于防灾、农业、制图、林业和海洋应用，数据格式全部为 GeoTIFF 格式，头文件采用 xml 格式。

5）COSMO-SkyMed

COSMO-SkyMed 雷达星座由四颗卫星组成，发射过程分阶段进行，首颗卫星 COSMO-SkyMed-1 发射于 2007 年 6 月，第二颗卫星 COSMO-SkyMed-2 发射于 2007 年 12 月，第三颗卫星 COSMO-SkyMed-3 发射于 2008 年 10 月，第四颗卫星于 2010 年 11 月 6 日成功发射，完成了整个星座计划。COSMO-SkyMed 具有聚束模式（SL）、条带模式（SM）和扫描模式（SC）3 种成像方式，可支持包括沿海地带监测、自然资源勘探、土地管理、干涉测量与形变监测、粮食与农业管理等应用。其采用了专为遥感科学设计的 hdf5 存储方式，以 group 和 dataset 为单元，其中 group 单元记录元数据，dataset 单元存储多极化数据及缩略图。

6）Sentinel-1

Sentinel-1 由两颗 C 波段 SAR 卫星组成，Sentinel-1A 于 2014 年 4 月 3 日发射升空，Sentinel-1B 于 2016 年 4 月 25 日发射升空，可用于极地环境和海冰监测、地表形变监测、森林监测、水资源管理与土壤保护、食物安全与农作物监测、全球制图等。Sentinel-1 具有 Stripmap（SM）模式、Interferometric Wide Swath（IW）模式、Extra Wide Swath（EW）模式和 Wave（WV）模式。Sentinel-1 数据通常以 SAFE（Sentinel application for earth）格式提供，这是一种开放的标准格式，SAFE 格式基于 xml，可以方便地存储和传输 Sentinel-1 数据。产品元文件为 xml 格式，提供数据头信息、质量评价信息、常规注释信息、图像注释信息、多普勒中心信息、天线方向图信息、子带时间信息、地理网络信息等。

7）高分 3 号（GF-3）

高分三号（GF-3）于 2016 年 8 月在中国成功发射，是世界上成像模式最多的 SAR 卫星，具有 12 种成像模式。它不仅涵盖了传统的条带、扫描成像模式，而且可在聚束、条带、扫描、波浪、全球观测、高低入射角等多种成像模式下实现自由切换，服务于海洋、减灾、水利、气象以及其他多个领域。GF-3 数据通常以标准的 TIFF 格式提供，其中包含图像数据、元数据和地理信息。这种格式通用且易于处理，适合于各种遥感分析软件。

主要 SAR 系统数据网站如表 3.3 所示。

表 3.3   主要 SAR 系统数据网站

SAR 系统	数据网站网址
COSMO-SkyMed	https://www.e-geos.it/en/satellite-data/cosmo-skymed-constellation/
TerraSAR-X	https://earth.esa.int/eogateway/catalog/terrasar-x-esa-archive
ASAR	https://esar-ds.eo.esa.int/oads/access/collection
Sentinel-1	https://sciencehub.esa.int/
PALSAR、RADARSAT 等	https://search.asf.alaska.edu/

3.2   冰雪的微波遥感探测基本理论

3.2.1   冰雪的介电特性

1. 干雪的介电常数

在研究雪的介电常数时，一般是将雪分成干雪、湿雪两类，干雪是冰和空气的混合体，不含有液态水。在过去几十年中，关于雪的介电常数已有大量的研究，Ulaby（1986）和 Fung 等（2010）对雪的介电常数做出了详细的分析。Matzler（1996）根据实验观测资料，给出了干雪介电常数实部的拟合公式，其标准差仅有 0.0066。该式与 Polder 和 Van Santen（1946）研究的介电常数混合模型的计算结果相一致。当前在冰雪遥感相关研究中一般用该公式。

干雪介电常数的实部 ε'_{ds} 在 1 MHz～10 GHz 与频率无关，只是雪的密度 ρ_s（或

冰容积率 υ_{i}) 的函数（Matzler，1996）。

$$\varepsilon'_{\mathrm{ds}} = 1.0 + 1.4667\upsilon_{\mathrm{i}} + 1.435\upsilon_{\mathrm{i}}^{3} \quad 0 < \upsilon_{\mathrm{i}} < 1 \tag{3.14}$$

如果假设雪的冰粒都是球体，则可依据 Polder 和 Van Santen 的介电常数混合公式，得到干雪介电常数虚部 $\varepsilon''_{\mathrm{ds}}$ 的公式。

$$\varepsilon''_{\mathrm{ds}} = 3\upsilon_{\mathrm{i}}\varepsilon''_{\mathrm{i}} \frac{\varepsilon''_{\mathrm{ds}}(2\varepsilon'_{\mathrm{ds}} + 1)}{\left(\varepsilon'_{\mathrm{i}} + 2\varepsilon'_{\mathrm{ds}}\right)\left(\varepsilon'_{\mathrm{i}} + 2\varepsilon'^{2}_{\mathrm{ds}}\right)} \tag{3.15}$$

式中，$\varepsilon'_{\mathrm{i}}$ 和 $\varepsilon''_{\mathrm{i}}$ 分别为纯冰介电常数的实部和虚部；$\varepsilon'_{\mathrm{i}}$ 为常数 3.15；$\varepsilon''_{\mathrm{i}}$ 的计算见 Nyfors（1982）。

2. 湿雪的介电常数

湿雪是干雪与液态水的混合物，因而它的介电常数取决于冰和液态水的介电特性和它们的容积率。雪的液态水含量（或雪湿度 m_{v}）是指液态水的体积比，由于水的介电常数的实部和虚部的值都比冰的大，因此 m_{v} 是决定湿雪介电常数最重要的因子，雪的介电常数会随着 m_{v} 增加而变大；其次，水的介电常数随频率而变化，频率对湿雪介电常数影响也很重要。

在频率 3～37GHz，雪的密度为 0.09～0.38g/cm³，雪湿度在 1%～12%，湿雪的介电常数表示为（Ulaby et al.，1986）

$$\varepsilon'_{\mathrm{ws}} = A + \frac{ABm_{\mathrm{v}}^{x}}{1 + (f/f_0)^2} \tag{3.16}$$

$$\varepsilon''_{\mathrm{ws}} = \frac{C(f/f_0)m_{\mathrm{v}}^{x}}{1 + (f/f_0)^2} \tag{3.17}$$

式中，f 为频率（GHz）；f_0 为雪的有效松弛频率，f_0=9.07GHz，它略高于水在 0℃ 的弛豫频率；系数 B 为 0.073、C 为 0.07 和 x 为 1.31，A 为

$$A = 1.0 + 1.83\rho_{\mathrm{s}} + 0.02m_{\mathrm{v}}^{1.015} \tag{3.18}$$

在低频率范围，式（3.18）通常会低估 $\varepsilon'_{\mathrm{ws}}$，尤其是当雪的湿度较大时（Kendra et al.，1994）。研究者依据大量测量数据拟合，推算出简洁、实用、高精度的经验模型（Matzler et al.，1997；Denoth，1989），把 $\varepsilon'_{\mathrm{ws}}$ 表示为 $\varepsilon'_{\mathrm{ds}}$ 和雪湿度 m_{v} 的函数之和：

$$\begin{cases} \varepsilon'_{\mathrm{ws}} = \varepsilon'_{\mathrm{ds}} + 0.206m_{\mathrm{v}} + 0.0046m_{\mathrm{v}}^2, 0.01 \leqslant f \leqslant 1\mathrm{GHz} \\ \varepsilon'_{\mathrm{ws}} = \varepsilon'_{\mathrm{ds}} + 0.02m_{\mathrm{v}} + \left[0.06 - 3.1\times10^{-4}(f-4)^2\right]m_{\mathrm{v}}^{1.5}, 4 \leqslant f \leqslant 12\mathrm{GHz} \end{cases} \tag{3.19}$$

3.2.2 冰雪的辐射和散射特性

1. 冰雪的辐射特性

冰、雪的辐射特性与其介电常数、几何结构及其他性状相关。在 0.1～300 GHz 的频段中，冰介电常数的实部可认为保持不变，其值为 3.15，实部的介电常数与光照频率无关，受温度的影响极小；而虚部的介电常数同时受光照强度和温度的影响（Evans，1965）。当冰中含有杂质或盐度、温度不同时，介电常数将会发生显著变化。

干雪是空气和冰的混合物，其相对介电常数受雪的密度和冰的相对介电常数影响。干雪的电磁辐射特性随积雪深度、颗粒大小、密度和结构的变化而变化，这是被动微波遥感探测积雪信息的物理基础。由于雪密度不同，干雪的相对介电常数介于 1.4～2.0，如果此时雪下的土壤介质处于冰冻状态，冻土的土壤相对介电常数约为 3.0，且在微波波段内，相对介电常数与微波的频率、温度无关。

湿雪可以看成是冰、液态水和空气的混合物。湿雪的介电常数主要是电磁波波长（频率）、雪湿度、温度和密度的函数。与干雪相比，含有大量液态水的湿雪介电常数非常高，在低于 20 GHz 的波段实部可超过 35（Wong et al.，1977；Henderson and Lewis，1998）。

空气–雪界面反射率的幅值是由干雪的相对介电常数、电磁波入射角和极化方式决定的，同样地，雪–地面界面的反射率则是由干雪的相对介电常数、土壤的相对介电常数、电磁波的入射角、折射角和极化方式共同决定的。在水平或垂直极化下，电磁波的入射角小于 70°时，气–雪界面反射系数与雪–地面界面的反射系数的乘积小于 0.01，故可以将电磁波在空气–雪–地面间的多次反射进行简化，得到雪的发射率与雪厚度的关系方程。

辐射传输理论是基于能量（强度）在非均匀介质层中的传输（经历吸收、散射等过程）发展而来的，为冰雪辐射特性研究提供了基础。积雪辐射传输模型可以使用非均匀介质的 0 级辐射传输模型，具体可以表示为上行辐射方程和下行辐射方程。方程中含有表面散射相矩阵、地表散射相矩阵、下覆底层半空间的发射率、下覆介质温度、消光系数、透射角度等参数。在辐射传输方程中，以上行辐射为例，上行辐射总量是由整层介质向上的辐射、受下界面反射且经过非均匀介质散射削弱后的上行辐射、上行过程中受消光作用影响的下覆介质的上行热辐射之和（Hofer and Mätzler，1980；Hallikainen，et al.，1987；Ulaby et al.，1986）。

2. 冰雪的散射特性

在主动微波中，决定微波后向散射的因素很多。冰雪表面对微波的散射作用分为体散射和面散射，其中面散射主要取决于表面介电常数和表面粗糙度引起的单次散射和布拉格散射；而体散射还要考虑微波的吸收和多次散射，因而主要取决于介电常数和内部结构，包括液态水、密度、颗粒大小、组成等；同时后向散射还受到波长、极化、入射角等的影响（李新等，2020）。

积雪的后向散射一般包括以下分量：①空气–雪界面的后向散射；②雪的体散射；③下覆界面的散射；④上下两个界面之间的多次散射。

分析积雪的总后向散射系数中以上 4 项的贡献，干雪和湿雪的散射特性是非常不同的。

对于空气–雪界面的后向散射，由于干雪与和空气介电常数相近，雪面透射率高而反射率低，因此空气–雪界面的后向散射对于总散射的贡献很小。此外，由于积雪表面通常较为光滑，所以总的后向散射对表面粗糙度也不敏感。但对于湿雪，则主要的贡献来自表面散射，特别是当水分含量小于 5%时，表面散射项会主导总的散射贡献，而且总的后向散射系数对粗糙度非常敏感。

当频率很高时，干雪的体散射对总的散射起着主要的贡献，特别是当雪的厚度较大时，电磁波难以穿透积雪层，体散射会完成"覆盖"下覆介质的散射；当频率较低时，雪的消光系数很低，雪层几乎是透明的。对于湿雪，体散射项贡献相对较小。此外，当频率较高时，下覆界面的散射贡献很小，总的散射系数对下覆界面的粗糙度也不敏感。当频率较低，或者雪的消光系数很小（雪层浅、密度低、颗粒小）时，下覆界面的散射会成为主要项。

上下两个界面之间的多次散射总体而言是小项，许多 0 级模型中忽略了这一项，但当雪层的反照率较大时，则必须考虑多次散射的贡献。

3.3　小　　结

本章主要介绍了微波遥感原理与技术，以及常见的微波辐射计、微波散射计和合成孔径雷达卫星及其数据产品。微波遥感具有对冰雪介电常数和几何结构的敏感性，以及不受天气、昼夜变化的影响，全天时、全天候的获取能力，是冰雪遥感探测和研究的重要手段。这些微波传感器有力地保障了极地冻融的探测，也为本书后续章节的研究提供了数据支持。

参 考 文 献

陈述彭, 童庆禧, 郭华东. 1998. 遥感信息机理研究. 北京: 科学出版社.

郭华东. 2000. 雷达对地观测理论与应用. 北京: 科学出版社.

郭华东, 李新武, 傅文学, 等. 2021. 新型 SAR 地球环境观测. 北京: 高等教育出版社.

李新, 车涛, 李新武, 等. 2020. 冰冻圈遥感学. 北京: 科学出版社.

麦特尔. 2013. 合成孔径雷达图像处理. 孙洪, 译. 北京: 电子工业出版社.

舒宁. 2000. 微波遥感原理. 武汉: 武汉大学出版社.

吴季. 2003. 电磁波理论. 北京: 电子工业出版社.

赵英时. 2003. 遥感应用分析原理与方法. 北京: 科学出版社.

Denoth A. 1989. Snow dielectric measurements. Advances in Space Research, 9(1): 233-243.

Emery W, Camps A. 2017. Introduction to satellite remote sensing. Amsterdam, the Netherlands: Elsevier.

Evans S. 1965. Dielectric properties of ice and snow-a review. Journal of Glaciology, 5(42): 773-792.

Fung A K, Chen K S, Chen K S. 2010. Microwave scattering and emission models for users. Durham, MA, USA: Artech House.

Hallikainen M T, Ulaby F T, van Deventer T E. 1987. Extinction behavior of dry snow in the 18-to 90-GHz range. IEEE Transactions on Geoscience and Remote Sensing, 25(6): 737-745.

Hallikainen M T, Ulaby F, Abdelrazik M. 1986. Dielectric properties of snow in the 3 to 37 GHz range. IEEE Transactions on Antennas and Propagation, 34: 1329-1340.

Henderson F M, Lewis A J. 1998. Principles and Applications of Imaging Radar: Volume2. Somerset: Wiley.

Hofer R, Mätzler C. 1980. Investigations on snow parameters by radiometry in the 3- to 60-mm wavelength region. Journal of Geophysical Research: Oceans, 85(C1): 453-460.

Kendra J R, Ulaby F T, Sarabandi K. 1994. Snow probe for in situ determination of wetness and density. IEEE Transactions on Geoscience and Remote Sensing, 32(6): 1152-1159.

Khan A, Chatterjee S, Weng Y. 2021. Urban Heat Island Modeling forTropical Climates. Amsterdam, the Netherlands: Elsevier.

Lee J S, Pottier E. 2009. Polarimetric Radar Imaging: From basics to applications. Boca Raton, Florida, USA: CRC Press.

Lubin D, Massom R. 2006. Polar Remote Sensing: Volume I: Atmosphere and Oceans Berlin: Springer.

Matzler C. 1996. Microwave permittivity of dry snow. IEEE Transactions on Geoscience and Remote Sensing, 34(2): 573-581.

Matzler C, Strozzi T, Weise T, et al. 1997. Microwave snowpack studies made in the Austrian Alps during the SIR-C/X-SAR experiment. International Journal of Remote Sensing, 18(12): 2505-2530.

Nyfors E. 1982. On the dielectric properties of dry snow in the 800 MHz to 13 GHz range. Espoo, Finland: Teknillinen korkeakoulu.

Polder D, Van Santen J H. 1946. The effective permeability of mixtures of solids. Physica, 12(5): 257-271.

Ulaby F T, Moore R K, Fung A K. 1981. Microwave Remote Sensing: Microwave Remote Sensing Fundamentals and Radiometry. Boston, MA, USA: Addison-Wesley Publishing Company.

Ulaby F T, Moore R K, Fung A K. 1982. Microwave Remote Sensing Active and Passive-Volume II: Radar Remote Sensing and Surface Scattering and Enission Theory. Durham, MA, USA: Artech House, Inc.

Ulaby F T, Moore R K, Fung A K. 1986. Microwave Remote Sensing Active and Passive-Volume III: From Theory to Applications. Durham, MA: Artech House, Inc.

Wong J, Rossiter J R, Olhoeft G R, et al. 1977. Permafrost: Electrical properties of theactive layer measured in situ. Canadian Journal of Earth Sciences, 14(4): 582-586.

第4章

时序 SAR 冰盖冻融探测

本章导读 作为反映全球变化的重要指针，长时序高分辨率极地冰盖表面冻融信息是准确估算冰盖表面物质流失和表面反照率的关键作用因素。SAR 高分宽幅获取能力和以地球大数据为代表的云处理平台海量数据处理分析能力的快速提升，给长时序大区域极地冰盖冻融高精度探测带来了契机。

介绍了基于地球大数据平台的轨道归一化的时序洲际尺度高分辨率南极冰盖冻融快速探测模型。该模型克服了宽幅 SAR 观测几何、地形起伏、子带拼接引起的 SAR 回波差异，冻融历史过程不同带来的冰盖表面特征影响，以及时序大区域冰盖冻融探测中 SAR 获取时间分布的不一致等问题。

利用南极地区获取的十余万景 Sentinel-1 SAR 数据，生成 2014～2020 年南极地区 Sentinel-1 EW 模式精处理数据集、环南极冰盖月更新冻融状态产品，以及环南极冰架 5 天更新冻融状态产品。这些数据集将为极地冰盖物质和能量平衡模型提供高精度输入参数，为全球变化背景下极地冰盖的变化研究提供科学依据。

4.1 环南极时序海量 SAR 数据处理

对于大尺度气候变化研究而言，长期时间序列影像分析是其面临的独特挑战。然而，地球大数据的新兴概念的提出和快速发展为实现大尺度、长期、海量数据组织、数据处理，以及将复杂的大型数据集转化为信息提供了新的机遇（Guo et al.，2017，2020）。本节将以数量多且要求存储容量巨大的南极地区 Sentinel-1 SAR 数据为例，介绍一种基于 CASEarth 地球大数据平台的数据批量处理流程，生成覆盖南极的经过辐射和几何校正的 Sentinel-1 EW 模式影像数据集。首先介绍 Sentinel-1 SAR 数据类型与参数。

4.1.1 哨兵 1 号（Sentinel-1 SAR）简介

哨兵 1 号（Sentinel-1）任务是欧盟委员会（European Commission，EC）和欧洲航天局（ESA）为哥白尼计划设立的欧洲雷达观测系统。Sentinel-1 由 A 和 B 两颗极轨卫星组成，可为陆地和海洋提供全天候、全天时 C 波段双极化 SAR 影像，A、B 两颗卫星都具有对南极大陆的良好覆盖，可以为南极研究提供极具价值的高质量数据。

Sentinel-1 卫星搭载 C 波段 SAR 传感器，该传感器由德国 EADS Astrium GmbH 设计开发，是一种有源相控阵天线，可在仰角（覆盖大范围的入射角并支持扫描雷达成像操作）和方位角（允许使用 TOPS 技术来满足所需的图像性能）上提供快速扫描。为了满足极化要求，它具有双通道发射和接收模块以及 H/V 极化的开槽波导天线。它有一套内部校准方案，其中发射信号被路由到接收器，以监测振幅/相位从而提高辐射稳定性。表 4.1 展示了 Sentinel-1 C-SAR 仪器的关键参数。

表 4.1　Sentinel-1 C-SAR 仪器关键参数

参数	数值
中心频率	5.405 GHz
带宽	0～100 MHz（可通过程序控制）
极化方式	HH+HV、VV+VH、VV、HH
入射角范围	20°～46°
观测方向	右向
天线类型	开槽波导天线
天线尺寸	12.3 m × 0.821 m
天线质量	880 kg（占总发射质量的 40%）
方位向波束宽度	0.23°
方位波束转向范围	−0.9°～0.9°
距离向波束宽度	3.43°
俯仰角转向范围	−13.0°～12.3°
射频峰值功率	−4.368 kW，−4.075 kW（IW，双极化）
脉宽	5～100 μs（可通过程序控制）

续表

参数	数值
发射占空比	最大 12%， SM 8.5%、IW 9%、EW 5%、WV 0.8%
模块输出端接收器噪声系数	3 dB
最大范围带宽	100 MHz
PRF（脉冲重复频率）	1000～3000 Hz（可通过程序控制）
数据压缩	灵活动态块自适应量化（FDBAQ）
ADC 采样频率	300 MHz（实际采样）
数据量化	10 bit
仪器总质量（包括天线）	945 kg
姿态引导	零多普勒转向和侧倾转向

Sentinel-1 SAR 传感器包括 4 种观测模式，分别是条带模式、干涉宽幅模式、超宽幅模式和波模式。

1）条带模式（stripmap，SM）

条带模式是一种标准的 SAR 条形图成像模式，地面区域被连续的脉冲序列覆盖，天线波束指向一个固定的方位角和俯仰角。Sentinel-1 在条带模式可以在 80km 的条带宽度上以 5 m×5 m 的空间分辨率持续覆盖，重叠 6 个条带可以获得 375km 的幅宽。天线对每个条带都可以生成具有固定方位角和俯仰角指向的波束，俯仰向波束常用于抑制距离模糊。条带模式通常用于小区域，在紧急情况管理等特殊事件时使用。

2）干涉宽幅模式（interferometric wide swath，IW）

干涉宽幅模式使用渐进扫描 SAR（TOPSAR）观测地面三个子区域，可以获取 250km 幅宽 5m × 20m 的空间分辨率（单视）的数据。该模式通过采用天线在方位向的旋转，实现与扫描模式（ScanSAR）相同的覆盖范围和分辨率，并同时具有近似均匀的信噪比（SNR）和分布式目标模糊比（DTAR）。与扫描模式类似，干涉宽幅模式通过子带从一个脉冲到另一个脉冲的切换，同步地获取几个子带，并通过降低方位分辨率的方法以增加条带覆盖。此外，TOPSAR 技术除了像扫描雷达一样控制波束的范围外，波束还可以在每个发射的方位角方向上由后向前进行电子控制，避免了扇贝效应，使整个图像质量均匀。

哨兵 1 号 C-SAR 系统的 TOPS 设计满足脉冲同步，支持后期 SAR 图像的干涉处理。具体来说，对于 IW 和后文介绍的 EW 模式，TOPS 突发脉冲持续时间分别为 0.82 s 和 0.54 s（最差情况），同时要求对应突发脉冲之间的同步时间小于 5ms。

另外，SAR 天线方位向波束扫描会导致 5.5 kHz 的多普勒质心频率变化，方位向中的一个小的配准误差将会引起方位向条纹，因此若进行干涉处理，需要高精度的图像配准。

3）超宽幅模式（extra wide swath，EW）

超宽幅模式使用 TOPSAR 技术在 5 个子区域获取数据，因此可以获取 410 km 幅宽 20 m × 40 m 的中等分辨率数据。EW 模式单视复数据（SLC）产品每个子带包含一景影像，每个极化通道包含一景图像，在一幅 EW 产品中总共包含 5 景（单极化）或 10 景（双极化）图像。

EW 模式通过牺牲空间分辨率为代价提供超宽区域覆盖，主要用于沿海监测，包括海运监测、溢油监测和海冰监测等。与 IW 相同，EW 模式也可用于干涉测量，因为它在脉冲同步、基线和多普勒稳定性方面具有相同的特性。表 4.2 显示了 EW 模式的主要特征，表 4.3 显示了 EW 模式波束的入射角和偏离天底角。

表 4.2　EW 模式主要特征

参数	数值
条带宽度	410 km
分辨率	20m × 40m
入射角范围	18.9°～47.0°
子条带	5
方位角	±0.8°
极化选择	双极化 HH+HV、VV+VH 单极化 HH、VV
最大噪声等效 Sigma0（NESZ）	−22 dB

表 4.3　EW 模式角度　　　　　　　　[单位：（°）]

参数	EW1	EW2	EW3	EW4	EW5
最小轨道高度处偏离天底角	17.94～26.07	26.02～30.66	30.61～35.10	35.06～38.66	38.63～41.20
最小轨道高度入射角	20.00～29.20	29.15～34.47	34.41～39.66	39.60～43.89	43.86～46.97
最大轨道高度处偏离天底角	16.36～24.49	24.44～29.08	29.03～33.52	33.48～37.08	37.05～39.62
最大轨道高度入射角	18.22～27.57	27.38～33.42	32.65～38.05	37.84～42.53	42.08～45.16

4）波模式（wave，WV）

波模式由 20km×20km 的条带图像组成，传感器两个不同的入射角交替采集。每 100km 采集一次波图像，同一入射角的影像相隔 200km。该模式常用于海洋观测，可以与全球海浪模型相结合，确定海洋上波浪的方向、波长和高度。

4.1.2　环南极 Sentinel-1 EW 模式 SAR 数据集

考虑到 Sentinel-1 EW 模式 SAR 数据可以覆盖环南极区域，且具有较高的采集频率（A、B 双星重返周期 6 天以内），且由于其极地轨道缘故，其在南极地区采集影像频率更高，是观测南极的理想选择（Liang et al.，2021）。因此，本节所处理的 SAR 数据选择 Sentinel-1 卫星在南极地区获取的 EW 模式数据，覆盖时间为 2014 年 10 月～2020 年 12 月，覆盖范围限于南极海岸线以内，即 56.78°N～90°S 以及 180°W 和 180°E（Gerrish et al.，2020），总计 69586 幅 12.95 TB 影像，其分布范围如图 4.1 所示。这里所采用的大陆的边界来源于从美国国家冰雪数据中心下载的 shapefile 文件，该边界数据是从正射校正后的 RADARSAT SAR 数据提取出来的（Liu and Jezek，2004）。图 4.2 展示了这一时期不同月份的数据采集

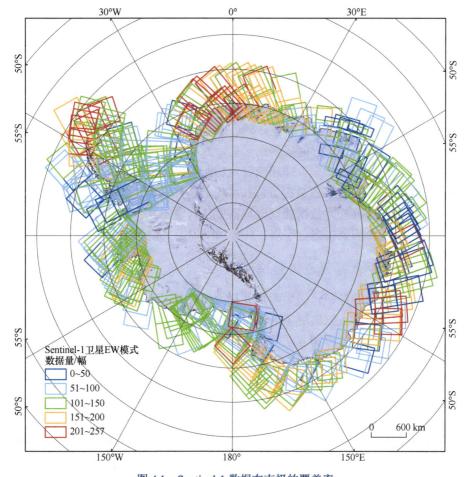

图 4.1　Sentinel-1 数据在南极的覆盖率

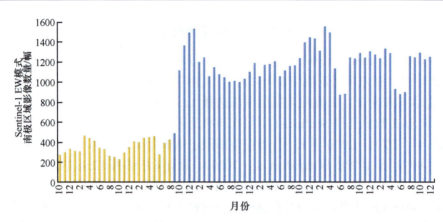

图 4.2　Sentinel-1 EW 模式下从 2014 年开始每月获取的南极冰盖影像数量

数量。从图 4.1 可以看到，哨兵 1 号 EW 模式影像基本覆盖了环南极地区，该区域是冰盖表面融化和冰架解体最敏感的区域。值得注意的是，南极半岛、维多利亚地、威尔克斯地和德龙宁莫德地的数据出现频率更高。

　　SAR 数据在处理和管理时将面对一些独特的挑战。首先，原始 SAR 影像需要几个预处理步骤，如辐射校正、边界噪声去除和几何校正。此外，SAR 图像通常很大，需要构建图像金字塔以提高显示速度。其次，原始 SAR 影像进行预处理等操作需要入射角、采集时间等辅助信息，这些信息一般存储在辅助文件中，因此引入了额外的数据操作来管理和确保对相应辅助文件的正确访问。在处理大量 SAR 影像时，大规模多节点数据处理技术需要额外的调度等操作，这进一步复杂了数据处理的工作流程。数据处理流程需要包含输出文件的辅助信息、快速的数据操作、显示是否需要构建金字塔、任务调度以及大规模多节点数据处理检查。

4.1.3　云计算平台配置及批处理流程

　　地球大数据云服务平台提供两种并行处理模式：云计算和超级计算，云计算的优势在于赋予每个虚拟机更多的权限，而超级计算则拥有更多的计算资源。两种类型所采用的处理流程和方法基本相同。本书将以虚拟机为例，介绍其云平台部署、配置和批处理数据处理流程。

　　本研究应用分布式云网络中的 24 台虚拟机来处理整个原始 Sentinel-1 数据集，每个虚拟机都安装了 CentOS 7.0 系统。平台配置 SNAP 工具箱预处理 Sentinel-1 数据，配置 GDAL 转换图像格式和构建图像金字塔，配置 Python 调度器自动检查批处理数据处理是否被调度、监控和记录，并确保同时创建元数据文件以促进后续步骤中的大数据处理和调度。虚拟机的详细配置如表 4.4 所示。

表 4.4 虚拟机配置

软件/工具	版本	功能
操作系统	CentOS 7.0，Linux version 3.10.0-957.1.3.el7.x86_64（mockbuild@kbuilder.bsys.centos.org）gcc version 4.8.5 20150623（Red Hat 4.8.5-36）（GCC）	用于支持虚拟机的基本活动
Python 环境	Python 2.7.5/Python 3.9.0	调用开发调度器，自动调度、监控、记录批处理数据处理，并生成元数据文件，方便后期数据处理和调度
SNAP	SNAP 8.0	预处理 Sentinel-1 数据
GDAL Library	GDAL 3.1.0	转换格式及构建金字塔层

调度器可以在 Python 2.X 编译环境和 Python 3.X 编译环境中运行，两者都与 SNAP、GDAL 以及本次数据处理所需的其他模块有很好的兼容性。当前使用的版本是 Python 2.7.5 和 Python 3.9.0。

SNAP 由 Brockmann Consult、SkyWatch 和 C-S 联合开发，用于单独的图像处理任务。它为所有 Sentinel 数据处理工具箱提供了一个通用架构。在 SNAP 中，"Sentinel-1 工具箱"提供了广泛的数据处理工具，提供辐射定标、斑噪去除、配准、地形校正、镶嵌、数据转换、极化测量和干涉测量等多种功能。SNAP 将用于预处理 Sentinel-1 数据。

地理空间数据抽象库（GDAL）是 X/MIT 许可协议（https://gdal.org/）下的开源栅格空间数据转换库。它使用抽象数据模型来表达支持各种文件格式。它还具有一系列用于数据转换和处理的命令行工具。其中，OpenGIS Simple Features Reference Implementation（OGR）是 GDAL 项目的一个分支，其功能与 GDAL 类似，只是提供了对矢量数据的支持。许多著名的地理信息系统（GIS）产品，包括 ESRI ArcGIS 9.3、Google Earth 和跨平台 GIS 系统 GRASS 都使用 GDAL/OGR 库。基于 LINUX 的地理空间数据管理系统可以使用 GDAL/OGR 库为矢量和栅格数据提供支持。GDAL 提供对多种栅格数据的支持，包括 Arc/Info ASCII Grid（asc）、GeoTIFF（tiff）、Erdas Imagine（img）和 ASCII DEM（dem）。此次数据处理采用 GDAL 对 SNAP 处理后的 GeoTIFF 文件进行压缩，生成金字塔层。

并行任务调度软件同时调用 24 台虚拟机来处理 SAR 图像。每台虚拟机的数据处理流程如图 4.3 所示。

为了选择相关的 Sentinel-1 SAR 数据建立了一个批处理工作流程，在流程中根据输入观测模式（如 EW）和数据收集周期（如 202001 为 2020 年 1 月）来选择 Sentinel-1 SAR 数据。然后，脚本根据输入导航到相应的数据列表（.csv），

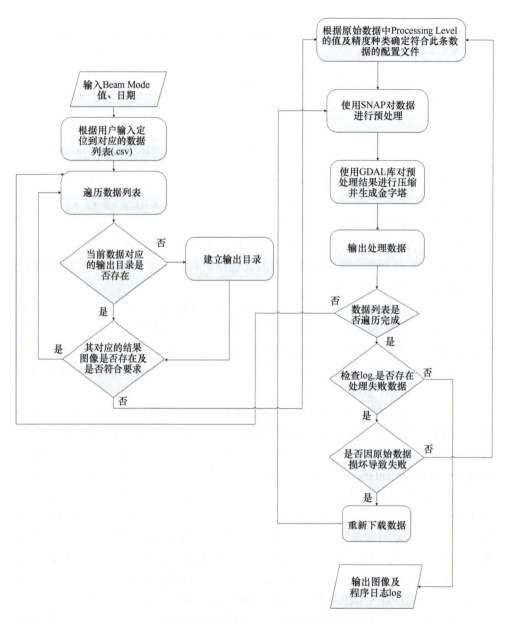

图 4.3 虚拟机主要数据处理流程图

并遍历每个原始影像的列表。在发现相关影像后，脚本对每个单独的影像执行以下指令集：

（1）判断是否存在对应的输出目录，如果不存在则新建一个目录。

（2）判断对应的结果影像是否存在并满足确定的处理要求；如果这两个要求中的任何一个都不能被满足，则对该景影像继续进行进一步处理。

（3）判断原始数据的处理级别和精度类型是否符合该数据配置文件中的记录（.xml）。

（4）执行 handler，记录时间和输出状态（processed 代表成功，error 代表失败），结果保存到日志文件并输出。

（5）遍历完成，程序结束，查看日志处理失败数据。如果原始数据损坏导致失败，则重新下载原始数据。如果是内存溢出或其他原因导致处理失败，则从预处理步骤重新执行。

在上述过程中，预处理和构建金字塔是两个重要的步骤。预处理步骤如图 4.4所示。

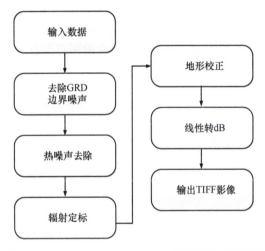

图 4.4　Sentinel-1 EW GRD SAR 数据预处理流程图

根据该工作流程，输入的每景影像的处理方式如下：

（1）去除 GRD 边界噪声。Sentinel-1 GRD 模式影像通常具有边界噪声。这些"无值"像元不是空的，而是包含非常低的值，这使基于阈值的掩模复杂化。该算子允许使用阈值方法有效地掩模掉"无值"元（Liang et al.，2021）。在本研究中，阈值设为 0.5，边界宽度范围设为 500 像元。

（2）去除热噪声。算子将根据每个测量数据集的噪声查找表（LUT）去除热噪声校正。

（3）辐射定标。SAR 辐射定标后影像中的像元值可以与场景中的雷达后向散射直接相关，定量使用 SAR 数据至关重要。本研究中使用了 sigma naught 定标 LUT。

（4）地形校正。由于场景的地形变化和卫星传感器的倾斜，SAR 影像中的距离可能会失真。地形校正旨在补偿这些失真。该校正需要数字高程模型（DEM）。此处自动下载并应用了 30m 分辨率的 SRTM 影像。地形校正后 SAR 影像将具有地理编码信息。

（5）将 sigma naught 从线性转换为 dB。

（6）将处理后的影像保存为 GeoTIFF 格式。

基于 GDAL 的 GeoTIFF 图像压缩和金字塔生成流程图如图 4.5 所示，如果影像没有经过 GeoTIFF 格式转换，则采用 GDAL 库中的 Lempel-Ziv-Welch（LZW）压缩算法对图像进行压缩和生成金字塔。本研究中使用的 LZW 压缩算法是由 Abraham Lempel、Jacob Ziv 和 Terry Welch 提出的，基于查找表将文件压缩成小文件的方法（Aldwairi et al.，2019）。LZW 压缩适用于 TIFF、GIF 等格式的图像。它可以有效减少数据大小（本次处理减少了近 60%），同时不会降低压缩后的图像质量。LZW 算法可以保留压缩前图像中所包含的所有信息。处理后的统计结果如表 4.5 所示。

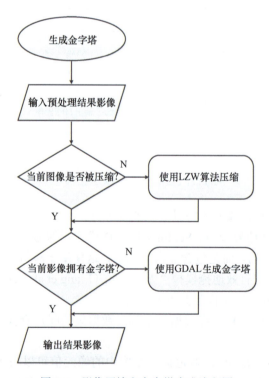

图 4.5　影像压缩和金字塔生成流程图

表 4.5　南极 Sentinel-1 EW GRD SAR 数据处理结果

统计量	参数	统计量	参数
平均原始数据量	194.6 MB	总原始数据量	12.95 TB
使用 SNAP 处理的平均数据量	2103.6 MB	使用 SNAP 处理的总数据量	139.95 TB
平均处理数据量	1025.9 MB	总处理数据量	68.25 TB
使用 SNAP 工具处理影像平均时间	1.51min	使用 SNAP 工具处理影像总时间	1755.63h
构建金字塔平均用时	0.47 min	构建金字塔总用时	546.45h

注：2014 年 10 月~2020 年 12 月的 EW 模式影像总数为 69586 幅。

总之，该数据集覆盖了每年经历大量地表融化事件的大陆地区，在气候变化研究中具有广泛的应用，包括冰盖质量平衡、冰盖冻融分析、冰架稳定性、基底融化驱动因素、海冰变化和趋势等研究，同时也广泛应用于生物多样性研究，如企鹅栖息地、植被覆盖和其他有助于环境变化研究的主题。该数据集已公开，在地球大数据云服务平台中可访问。

4.2　海量 SAR 冰盖冻融快速判断方法

作为反映全球变化的重要指针，冰盖表面冻融是冰盖表面物质流失和表面反照率准确估计的关键作用因素之一。这是由于极地地表起伏较小，小幅度的大气温度变化会引起大面积的冰雪表面湿度变化，进而改变冰流的运动，融水会渗至冰层底部而加速冰盖、冰架的运动和崩解；同时由冰雪表面湿度变化引起的南极冰盖表面辐射反射率的变化会影响着南极地区辐射平衡过程（Qin et al.，2006）。目前对极地冰盖物质平衡和能量平衡的估算存在很大的不确定性（Gardner et al.，2013；Paolo et al.，2015；Hanna et al. 2013；Shepherd et al.，2012），而长时序大区域高分辨率的冰盖表面冻融信息能够捕捉到更加精细的极地冻融时变现象，对这一问题的解决尤为重要。因此，基于遥感的极地冰盖冻融探测已经成为近年来遥感极地冰盖研究的热点（Arthur et al.，2020；Banwell et al.，2021）。

本节介绍一种基于轨道归一化的时序洲际尺度高分辨率南极冰盖冻融快速探测方法，该方法充分利用了基于 Sentinel-1 在南极地区获取的十余万景宽幅数据，以及地球大数据处理平台提供的海量处理和分析能力，并有效解决了长时序大区域 SAR 冰盖冻融探测中一系列问题，如宽幅 SAR 观测几何、地形起伏、子带拼接引起的 SAR 回波差异问题，冻融历史过程不同带来的冰盖表面特征对冰盖冻融探测的影响问题，以及时序大区域冰盖冻融探测中 SAR 获取时间分布的不一致问题。该方法主要流程如图 4.6 所示，主要包括数据预处理、冻融探测，以及数据后处理三部分。

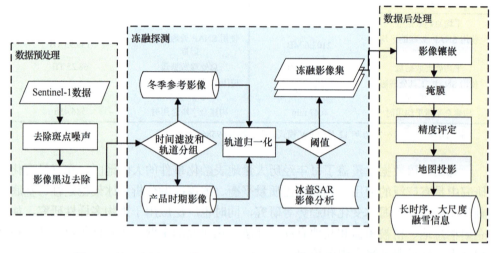

图 4.6 基于海量 SAR 数据的大尺度时序数据南极冰盖冻融检测流程

4.2.1 Sentinel-1 SAR 数据黑边消除方法

前文中提到 Sentinel-1 卫星 EW 模式 SAR 数据集利用 SNAP 软件进行初步的处理，包括子条带中热噪声去除处理、辐射校正处理，以及基于较低分辨率 DEM 的地形校正，从而得到附带地理编码信息的 SAR 辐射校正后数据，并用分贝表达。但在进行冰盖冻融探测之前还需要做一些预处理，主要包括 SAR 图像斑点噪声滤波处理和图像边缘的黑边处理。

SAR 图像中不可避免地存在斑点噪声，可以使用 Boxcar、Kuan、Frost、Lee、Renfine Lee 等斑噪滤波方法进行消除（Frost et al.，1982；Kuan et al.，1985；Lopes et al.，1990；Lee，1980）。由于冰盖表面冻融状态与人工目标不同，属于分布式目标，滤波的同时无须进行点或线目标增强，最终选用 9 × 9 窗口大小的 Boxcar 滤波方法来滤除斑点噪声。

目前，预处理的 Sentinel-1 卫星图像大部分都存在距离不等、宽度多达十几千米的无效边缘，通常出现在图像的一侧。尽管 SNAP 软件已经注意到该问题，并对其进行了去除处理，但依然存在较多的黑边，这些黑边区域的后向散射系数值较低且非均匀，如图 4.7 所示。图 4.7（a）是毛德皇后地区域数据采集的黑边；图 4.7（c）是南极半岛区域数据采集的黑边。考虑到黑边的值较低，这里的重叠图像中选择最小值以确保所有图像的黑边均清晰显示。经过分析发现，尽管这种黑边的后向散射系数低，但仍与冰盖一些区域的后向散射系数接近，这会对后续的冰盖冻融信息探测和图像拼接产生较大的影响。

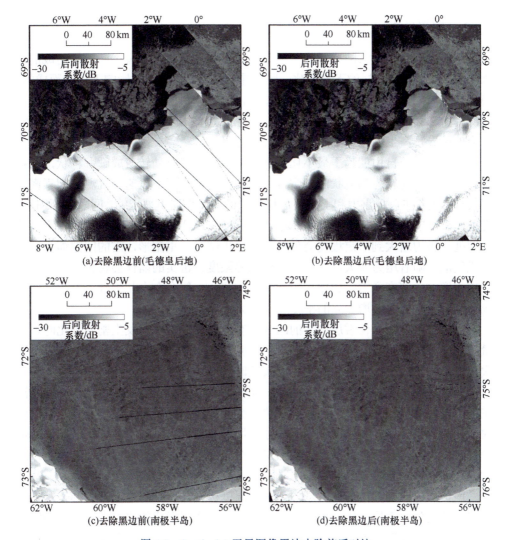

图 4.7 Sentinel-1 卫星图像黑边去除前后对比

考虑到由于黑边噪声的值很低且比较接近，可以通过构建熵值的滤波器，使用圆形窗口来计算熵值信息，从而去除低值的黑边，且不会影响其他区域的值。图 4.7（b）和图 4.7（d）显示了去除黑边后的 Sentinel-1 卫星图像，同样重叠区域也取为最小值，以避免未去除的黑边被图 4.7（b）和图 4.7（d）的上

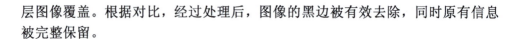

层图像覆盖。根据对比，经过处理后，图像的黑边被有效去除，同时原有信息被完整保留。

4.2.2 南极冰盖 SAR 冻融表征

南极冰盖是南极大陆冰雪的主要部分，是由数万年的降雪不断积累而成的，冰盖的表层是雪，表层的下部是冰，是由雪层在受自身重力的影响下压缩而成的。南极地域广阔，不同地区的气候有所差异，因此冰川的形成过程也会有所不同。每次降雪都会形成新的雪层，从表层到雪层深处冰雪的年代逐渐增大，由于气候、重力的差异，产生的冰川剖面和沉积岩的地层相似。

新雪在系统自由能趋于最小化原理和风力作用下自动转变成圆颗粒状，在粒雪化作用下快速转为颗粒状的旧雪，其物理结构与时间、风速、气温等因素密切相关。粒状雪在自身重力和上层覆盖积雪层的压力作用下被压缩，间隙逐渐缩小，变成高密度的粒雪层；雪粒会在绕结作用下产生黏连，颗粒变得更大。在雪层的更深处，压力增大到一定程度会使粒雪产生再结晶、重塑形，雪的间隙缩小，压缩成气泡。随着压力变大，气泡压缩到临界限度，密实的晶体会转化为冰，且随着压力增加，密度变大。成冰作用产生的雪层，一般会在十几米到上万米之间形成冰层，并且随深度增加冰的密度逐步变大。

冰雪冻融循环会使雪层产生的冰结构有所差异，当雪层发生剧烈融化时，大量融水下渗到密度高、透水性差的雪层。融水在下渗过程中温度会降低，直至再次结冰产生渗浸冰。当雪层融化程度较低时，融水量很少，会在湿润的表层产生体积比较小的渗浸冰晶。当融化程度非常小时，融水会冻结产生再冻结冰。此外，在太阳辐射能量和飓风下冰面摩擦受热，会使得冰面在温度低于 0℃时具有微弱的融化和升华现象。雪层的融水对成冰作用的影响很大，融水的再冻结不但让部分雪转化为冰，而且再冻结产生的热量会对内部雪层的成冰过程有促进作用，因此在融水的参与下可大量缩短成冰时间（Jun et al.，2020）。

南极冰盖的高纬度内部区域由于长年温度极低，所以基本上没有融化发生，雪层覆盖均匀、表层疏松，内层主要是重力压缩作用形成的冰。沿海岸线的低纬度地区受到海洋气候的影响较大，并且融化再冻结的往复循环在夏季时常发生，与海洋性冰川的特点非常相似。从南极半岛到南极点的雪层实地勘察表明，在南极半岛的低纬度区域，冰盖表面的积雪非常薄，只有十几厘米到几十厘米，次表层是融水渗浸冻结形成的冰。朝高纬度，雪层厚度不断增加，雪层中含有渗浸冻结而成的冰晶。更高纬度、高海拔的干雪带温度非常低，表层是细粒状的雪，该雪层不会产生融化（Wang et al.，2018）。

1960 年 Benson 等在格陵兰岛冰盖研究中，提出冰雪的冻融状态是冰盖表层对于气候的直接响应，冰盖的融化状态在有些区域处于常年融化到没有融化发生之间。因而，其根据季节性的冻融状态将冰盖分为四个条带：干雪带、渗浸带、浸润带和消融带，四个冰川带的分界线分别是干雪线、浸润线、雪线，如图 4.8 所示。

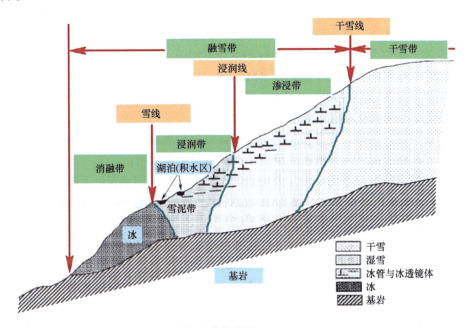

图 4.8　冰川和冰盖的分层（Liu et al.，2006）

干雪带：主要集中分布在高海拔和高纬度区域，长年温度非常低，基本不会产生融化，物质平衡和结构变化主要与降雪、飓风、成冰作用密切相关。冰盖中干雪带是最主要的组成部分，且所占比重最大，常常出现在沿海的高海拔区域（Mote et al.，1993）。干雪带表面主要是降雪、降霜产生的细雪，由外而内是粒雪、粗粒雪、粒雪晶体等，结构大小、密度都逐步变大，在数十米至数百米处压缩成冰。干雪带的内部作用无液态水参与，内层在重力、风力作用下成冰，经过粒雪化、压实、绕结、形变、重结晶等过程，整个过程要上百年之久，有些地区甚至需要几千年。

渗浸带：分布在湿雪线与干雪线之间，有少量和间歇性的融化发生。融水从表层下渗到次表层，会在透水性差的层位集聚并再次冻结，浸透或再冻结会形成渗浸冰透镜、渗浸冻结冰、再冻结冰等各种不同的结构。渗浸冻结产生的冰在浅层的粒径很大，密度较高，并且相互交错连接，是该层的重要组成部分。

浸润带：分布在雪线和湿雪线之间，在夏季气温升高时会使雪发生融化，产

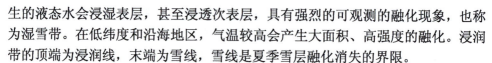

生的液态水会浸湿表层，甚至浸透次表层，具有强烈的可观测的融化现象，也称为湿雪带。在低纬度和沿海地区，气温较高会产生大面积、高强度的融化。浸润带的顶端为浸润线，末端为雪线，雪线是夏季雪层融化消失的界限。

消融带：主要分布在冰川末端和雪线之间，因为表面无雪有时也称为冰带。

冰盖的成冰带主要依据经典的山地冰川的带状分类。山地冰川中冰带常年处于负的物质平衡下，冰带和雪带间的界限、零物质平衡线不等同。在有些研究中，消融带的上限定义为平衡线，平衡线和雪线不相同，暖性冰川的雪线和平衡线重合，而冷性冰川的雪线比平衡线高（Mote et al.，1993）。

南极冰盖末端直接和海冰相连，无独立的冰带，海冰也不属于冰盖的范畴。干雪带基本上不发生融化，湿雪带和渗浸带受气温、飓风的影响较大，集中分布在低海拔的沿海区域。夏季湿雪带会显著体现南极冰盖的融化。本研究重点关注冰盖表面冻融情况，融化情况主要发生在湿雪带和渗浸带。

南极冰盖的后向散射回波主要由表面冰雪的面散射和地表以下的冰的体散射组成。Sentinel-1 卫星的 C 波段 SAR 数据强度与地表和地下冰的介电特性和结构密切相关，并且与观测几何形状和地形相关的本地入射角有关。

图 4.9（a）和图 4.9（b）是覆盖南极半岛部分地区的两幅 Sentinel-1 卫星 SAR 数据后向散射系数分布图，分别在夏季（2015 年 12 月 10 日）和冬季（2015 年 6 月 1 日）从同一轨道采集获得。由于本节主要针对南极冰盖表面冻融状态开展研究，因此重点分析三种冰盖表面状况，即干雪（dry snow）表面、湿雪（wet snow）表面和再冻结（refrozen）表面。干雪在低温的高海拔和高纬度地区占主导地位，由于干雪松散，其粒径远小于 C 波段波长（约 5 cm），因此电磁波能够在松散的干雪中穿透到雪下较深的位置，从而增加电磁波能量的衰减，并表现出弱的后向散射回波。如图 4.9（a）和图 4.9（c）所示，夏季可观测到明显的冰盖表面融化现象。在夏季，随着地表温度的升高，冰盖表面发生融化，融化产生的液态水会融入冰盖表层，甚至渗入至次表层。湿雪中液态水对电磁波的吸收作用，导致后向散射回波强度急剧下降。在积雪融化过的区域，融化季节过后液态水会再冻结，凝结成粗颗粒的积雪，并在冰盖的次表层产生非常多的冰片、冰透镜体，其尺寸的大小远比雪的粒径大，约等于 C 波段的波长值，会产生剧烈的体散射，因此再冻结区域的 C 波段后向散射系数通常较高。

值得注意的是，由于 SAR 侧视观测引起的叠掩和阴影等，SAR 图像后向散射系数不可避免地会受到地形变化的影响，尤其是在陡峭的山区，图 4.9（b）的细节图 [图 4.9（d）] 清晰显示了 SAR 图像中的叠掩和阴影。

图 4.10（a）显示了在不同融化状态下冰盖的后向散射系数的统计直方图。可以看出，对于干雪，尽管平均后向散射系数较低（–13 dB），但这些值分布在–25～

5 dB。少量干雪的像素表现出较高的后向散射，这是陡峭山坡导致的叠掩现象所致。后向散射系数介于$-3\sim5$ dB（平均为 0）的再冻结表面和介于$-11\sim-1$ dB（平均为-6 dB）的湿雪与干雪后向散射系数发生重叠，因此很难直接利用后向散射系数来区分这些不同状态的区域。此外，本研究所涉及的区域尺度较大，冰盖冻融探测需要大量 SAR 图像作为支撑，而且这些图像需要在不同的轨道和时间段获得。在特定区域内不同 SAR 图像的观测几何形状、地形和冰地貌不同，导致冰盖冻融探测算法具有复杂性，以及海量数据处理存在计算压力。

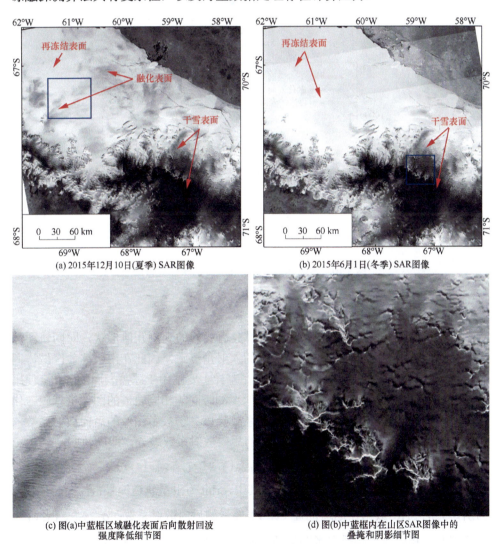

(a) 2015年12月10日(夏季) SAR图像　　　　(b) 2015年6月1日(冬季) SAR图像

(c) 图(a)中蓝框区域融化表面后向散射回波　　(d) 图(b)中蓝框内在山区SAR图像中的
强度降低细节图　　　　　　　　　　　　叠掩和阴影细节图

图 4.9　南极半岛冰盖冬夏两季 SAR 图像对比及融化表面和山区细节图

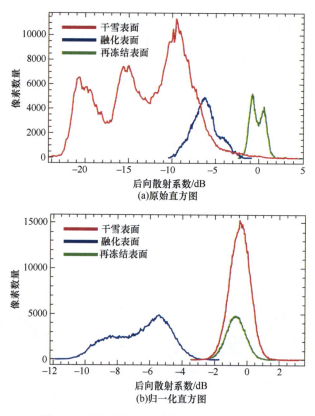

图 4.10　南极冰盖不同融化条件的统计直方图

4.2.3　轨道归一化和冻融判断

考虑到从同一轨道获取的 SAR 图像具有相同的观测几何形状，即同轨图像中，同一像素点对应的不同时相的数据的入射角一致，因此在南极冰盖区域，同轨 SAR 图像冬、夏两季后向散射系数存在差异主要是由于冰盖表面的融化。使用冬季 SAR 图像作为参考，可以对来自其他观测时间的相同轨道的图像进行归一化处理，即用其他时间的图像的后向散射系数除以冬季参考图像的后向散射系数，进而尽可能地消除观测几何和地形引起的后向散射系数差异，即同轨归一化。

$$\sigma_{\text{orbit-norm}}\left(x,y\right)=\sigma_{\text{orbit-study}}\left(x,y\right)/\sigma_{\text{orbit-refer}}\left(x,y\right) \tag{4.1}$$

式（4.1）为同轨归一化的示意公式，其中，orbit 为卫星轨道编号；$\sigma_{\text{orbit-norm}}\left(x,y\right)$ 为所研究的 SAR 数据在地理位置 $\left(x,y\right)$ 像素的后向散射系数；$\sigma_{\text{orbit-study}}\left(x,y\right)$ 为该位置对应相同轨道冬季参考图像的后向散射系数；$\sigma_{\text{orbit-refer}}\left(x,y\right)$ 为同轨归一化

后的后向散射系数。

图 4.11（a）是使用 6 月的冬季图像得到的针对图 4.9（a）的归一化图像，两景图像具有相同的轨道。在归一化的图像中，可以清楚地看到融化的痕迹，融化区从西部的山脉延伸到东部的拉森 C 冰架（Larsen C Ice Shelf）。图 4.11（b）是 2015 年 7 月 7 日采集数据，并同样用 6 月的冬季图像进行归一化处理后的图像。图 4.11（b）中所得的归一化图像呈现出相对均匀的后向散射系数，没有因融化、叠掩、阴影引起的波动，这是因为在冬季该区域未出现融化，没有液态水导致后向散射系数发生变化。此外，图 4.11（b）中的结果还证实，使用同轨归一化成功地消除了由 SAR 观测几何形状、地形起伏和冰地貌引起的后向散射系数变化。

根据图 4.10（b）中归一化 SAR 图像的直方图，归一化将干雪和再冻结表面的后向散射系数的值集中在大约 0 处。正在融化区的归一化后向散射系数低于前面两种类型，平均值约为–7 dB，尽管由于融化程度的不同，分布较宽，但能够较好地与其他类型区分。因此，基于上述同轨归一化方法，可以建立统一的冻融判断标准，这样不仅可以在很大程度上消除由观测几何和地形波动引起的后向散射系数的差异，而且可以满足海量数据快速处理的需求。

根据多组实验的结果，干雪和再冻结表面归一化后向散射系数的百分位数（P5，P95）分别为（–2.66, 0.42）dB 和（–2.00, 0.83）dB。以干雪的百分位数 P5（–2.66 dB）为基准，确定了–2.66 dB 的统一阈值以区分冻融状态。该阈值可确保较低的恒定误报率，并排除了干雪和再冻结表面的影响。图 4.11（c）和图 4.11（d）是基于该阈值得到的图 4.11（a）和图 4.11（b）的冻融状态图像。该图像清晰地记录了 12 月

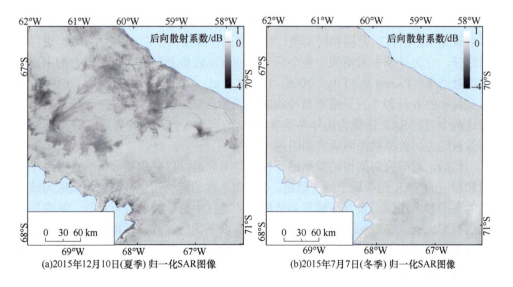

(a)2015年12月10日(夏季)归一化SAR图像　　　　(b)2015年7月7日(冬季)归一化SAR图像

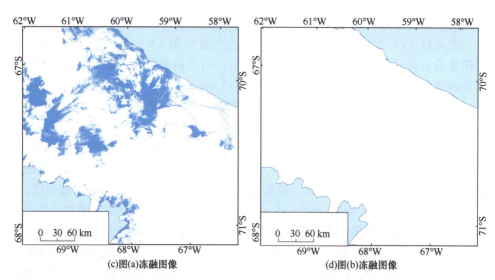

图 4.11　南极半岛冰盖轨道归一化 SAR 图像和冻融图像（冻融图像中蓝色为融化区域）

夏季的融化现象（蓝色表示融化区），以及 7 月冬季没有任何融化的情况。该冻融检测结果反映了该方法在平坦区和崎岖地形区都有很好的效果。需要注意的是，海冰的变化以及冰架的脱落、移动等也会引起同轨 SAR 图像后向散射的明显差异，由于非本书关注的冰盖区域目标，将利用海岸线对其进行屏蔽。

4.2.4　SAR 数据集的时间选择与轨道分组

根据上述所述的同轨归一化冻融探测方法以及时序大面积冻融探测的需求，本书首先根据研究区范围和时间段，对数据进行筛选。首先，对 SAR 数据进行时间选择，分为冬季参考图像和整个研究周期内冻融检测图像。根据已有的南极冰盖冻融结果（Picard and Fily，2006；Picard et al.，2007；Liang et al.，2019），考虑到每年的 6 月和 7 月是南极最冷的时间段，且整体没有冰盖融化现象，因此选用这两个月的 SAR 图像为历年冬季参考图像。同年 8 月至次年 5 月底的其他 SAR 图像被选为冰盖冻融探测研究期图像。

然后，对研究时间段的数据进行相对轨道分组，以确保要分析的参考冬季图像和相应的 SAR 图像属于同一轨道。6 月和 7 月的同轨图像被镶嵌并集成为该轨道的冬季参考图像，重复区域后向散射系数通过中值滤波器进行选择，从而每个轨道只形成一景冬季标准数据。此类处理有以下优势：首先，可确保有足够的数据来形成冬季参考图像；其次，即使温度异常发生在 6～7 月，中值过滤器也可以过滤掉它们，以确保冬季参考图像的有效性；最后，在同轨图像归一化的过程中，可以利用统一阈值获得冰盖冻融状态数据集。

4.2.5　冻融状态结果后处理

数据后处理包括冻融状态数据集的镶嵌、掩膜、精度验证，以及地图投影。首先，将来自研究期和研究区域的所有冻融图像镶嵌在一起，以获得单个冻融图像。若一个像素单元有多个不同时间的冻融状态信息，其中一个状态为"融化"，则在最终镶嵌图中将重叠像素标记为"融化"；反之，若没有一个像素标记为融化，则在最终镶嵌图中将该像素标记为"冻结"。然后，对镶嵌的冻融图像进行掩膜以去除多余的信息。例如，利用海岸线数据掩膜掉海冰区域的影像，保留冰盖及冰架区域，利用 DEM 数据去除高海拔区域。最终的冰盖冻融图像使用 WGS 84/极方位立体投影，这是研究南极使用最普遍的投影。

4.3　南极冻融状态信息产品及精度验证

利用南极冰盖冻融探测方法，可以快速高效地获取南极地区长时序高分辨率冻融探测结果。值得注意的是，根据研究对象和尺度的不同，该框架可以自主调节产品的时间分辨率。针对南极冰盖等大尺度信息，需要更高的时间窗口来保证影像的覆盖范围，因此牺牲了部分时间分辨率；而针对冰架、冰川等，利用少数影像即可实现对其覆盖，因此可以显著提升产品的时间分辨率。本节将介绍利用该方法形成的两种产品，分别是环南极冰盖月更新冻融状态产品和环南极冰架 5 天更新冻融状态产品。

4.3.1　环南极冻融状态产品

1. 环南极冰盖月更新冻融状态产品

选择冻融经常发生的环南极冰盖和冰架区域，利用上述冰盖冻融探测方法获取环南极 40 m 分辨率月更新冻融状态数据集，结果如图 4.12 所示，包括 2015～2020 年历年 10 月至次年 3 月的冻融状态信息。由此可以看出，进入南半球夏季后，南极冰盖融化面积开始逐渐增加，融化现象从南极半岛的北部和部分沿海地区逐步向较高纬度地区推进；在 12 月，南极半岛的融化面积已较大；12 月至次年 1 月，南极冰盖的融化达到峰值；从 2 月开始，南极冰盖整体的融化面积逐步减少，随着冬季来临，南极冰盖逐渐冻结（Furst et al., 2016；Zhu et al., 2023）。

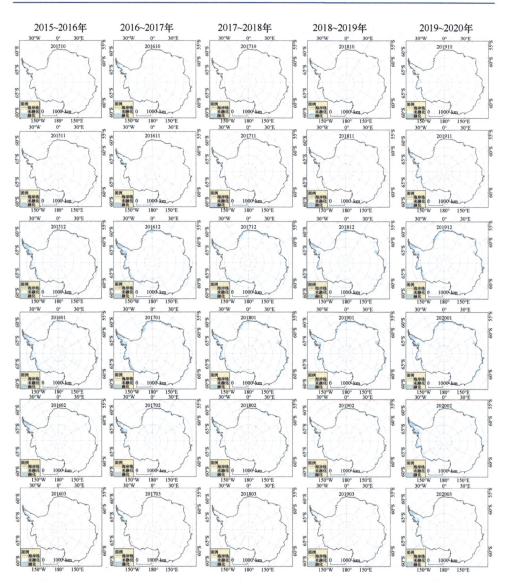

图 4.12 2015～2020 年（历年 10 月至次年 3 月）Sentinel-1 卫星 SAR 南极冻融月度产品
201510 表示 2015 年 10 月，余同

2. 环南极冰架冻融状态产品

冰架是指与大陆冰相连的海上大面积固定浮冰，它支撑着大陆冰架流入海洋，主导着南极冰盖质量收支和动态变化，是南极冰盖融化和物质变化最剧烈的部分。冰架表面融化会导致冰架变薄，同时融水还会注入冰裂隙并促进裂隙向下扩展，

此外融水形成的冰面湖对冰架的压力还会引起冰架弯曲开裂，最终造成冰架崩解。因此，本节基于在南极地区获取的海量哨兵 1 号 SAR 数据，利用上述方法计算得到 2015～2021 年环南极冰架 40 米分辨率冻融状态产品，时间分辨率可以达到 5 天。利用该产品探测和认识环南极冰架表面的冻融时空变化特征，对于研究全球变化对南极冰盖及其周围海域的影响十分重要。

以南极半岛的拉森 C 冰架（Larsen C Ice Shelf）、威尔金斯冰架（Wilkins Ice Shelf）和乔治六世冰架（George Ⅵ Ice Shelf）为例，其近年来多时相冻融探测细节分布图分别如图 4.13～图 4.16 所示，从这些分布图中可以了解冰架表面融化的

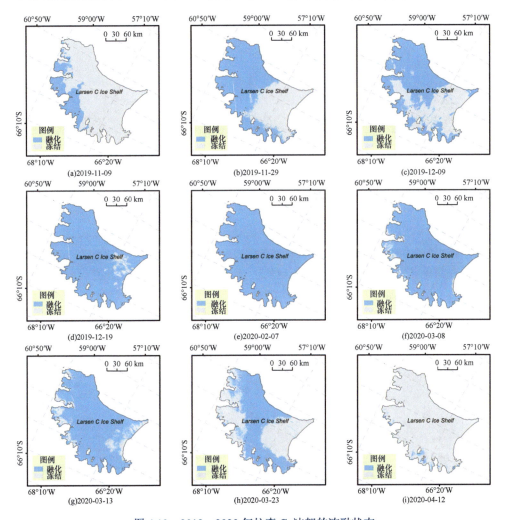

图 4.13　2019～2020 年拉森 C 冰架的冻融状态

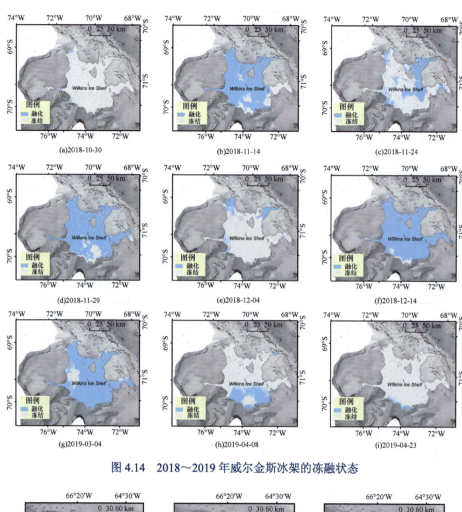

图 4.14 2018～2019 年威尔金斯冰架的冻融状态

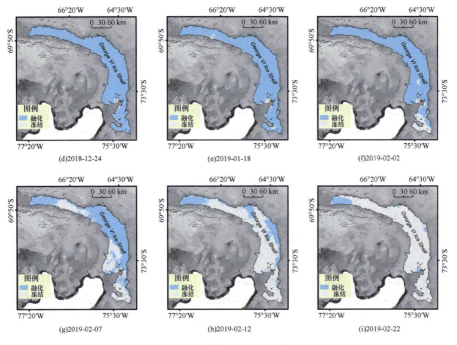

图 4.15　2018～2019 年乔治六世冰架的冻融状态

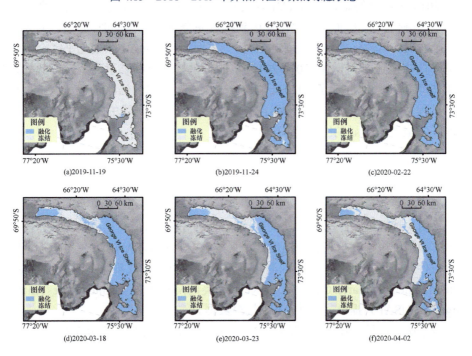

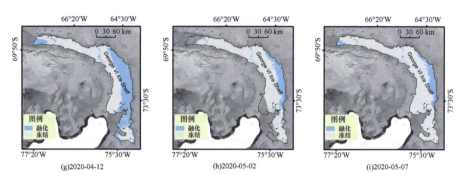

图 4.16　2019～2020 年乔治六世冰架的冻融状态

空间细节。Larsen C 冰架的融化 2019 年 11 月开始于南极半岛靠近陆地部分，而后融雪由北向南逐渐蔓延，最终于 2019 年 12 月 19 日接近完全融化，该完全融化状态一直持续到 2020 年 3 月中旬，然后开始逐渐冻结。相比于 LarsenC 冰架，Wilkins 冰架的融化通常发生在海岸线附近，但融化状态相似，在 12 月至次年 2 月融化程度最大（Holland et al.，2011；Hogg et al.，2017）。对于 GeorgeVI 冰架，其表面融化首先在最北端和帕尔默地（Palmer Land）附近观测到，之后融化范围逐渐扩大到南部，但主要集中在北部，接近完全的融化一直持续到 2 月。与 2018/2019 年不同的是，GeorgeVI 冰架在 2019/2020 年南半球夏季融雪期间经历了强烈的融化：一方面，该融化季达到接近完全融化所需的时间只有 5 天，而在 2018/2019 年融化季则接近 15 天；另一方面，George VI 冰架几乎完全融化的情况一直持续到 3 月，比 2018/2019 年的融化持续时间长了两个月。此外，从图 4.16 可以清楚地展示了 2020 年 George VI 冰架南部的结冰过程，该过程显示结冰过程从西南到东北，从受海洋影响较大的靠近海岸线的低海拔地区到高海拔地区，呈现出明显的空间格局。

4.3.2　精度验证及对比

1. 验证数据

采用实地温度数据验证和交叉对比验证两种方法对所提出的 SAR 冰盖冻融探测模型精度进行评价。实地温度数据采用 AWS 数据，AWS 实现了偏远地区和天气条件恶劣区域的长期无人观测。所使用的是由南极气象研究中心（Antarctic Meteorological Research Center，AMRC）和美国南极计划（United States Antarctic Program，USAP）提供的南极 AWS 气温数据。

本章所采用的 AWS 数据见表 2.1，并在图 4.17 中标出了其分布情况。

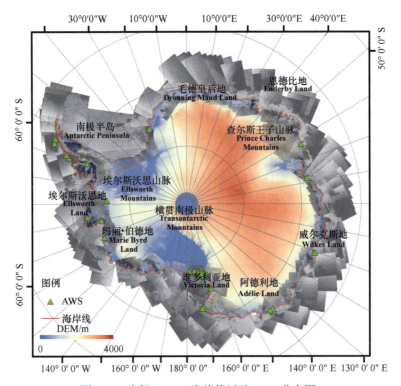

图 4.17　南极 DEM、海岸线以及 AWS 分布图

交叉对比验证采用微波辐射计（SMMR 和 SSM/I）数据，来自美国国家冰雪数据中心（NSIDC），使用 Torinesi 等（2003）开发的算法提取南极冰盖冻融信息。该冻融数据集从 1979 年 4 月 1 日起始，空间分辨率为 25 km，底层数据分辨率约为 60 km，有效时间分辨率为 1 天（1988 年前为 2 天）。

2. 基于目视解译和 AWS 温度的精度验证

采用目视解译和 AWS 温度数据两种方法来评估和验证冻融状态判断结果的准确性。目视解译方法是基于冰盖融化导致 SAR 图像的后向散射系数降低，在 SAR 图像中表现为像素变暗的原理，从而可以直观地识别为融化。后向散射系数降低是由于融水增加地表冰雪的含水量，提高其介电常数，导致冰雪增强对电磁波的吸收增加，从而降低后向散射回波的强度。

验证样本是对比每月的图像与冬季参考图像并人工选择，当同一轨道的图像对比时，图像变暗的部分被标记为融化，未变化的区域被标记为冻结。冻融信息具有其所对应的时间段，若在该时间段内，选择区域有多景图像，只要重叠的像素中任何一个被判断为融化，则该像素将标记为"融化"。否则，它们被标记为"冻结"。此外，南极冰盖融化分布变化较快，因此选择的验证样本不能通用，需要对验证的冻融信息产品选择其对应的验证样本。以环南极月更新产品为例，为了检验每月更新的冻融信息，测试样本尽可能均匀地分布在 Sentinel-1 卫星数据覆盖的南极区域，每月采样超过 2 万像素。

图 4.18（a）显示了冻融目视解译样本分布，选择 2016 年 12 月获得的 SAR 图像及其同年 6 月的冬季参考图像作为用于目视解译的样本图像示例，其包含 4 个地区：南极半岛、毛德皇后地、恩德比地和威尔克斯地。将冬季图像和夏季图像进行比较，如图 4.18（b）所示，可以清楚地显示夏季图像中黑暗区域正在融化。融化区域中的蓝色点是融化点，黄色点是冻结点，其中未融化区域基本保持不变。

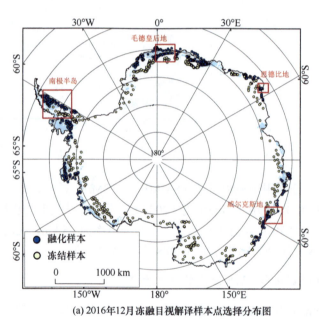

(a) 2016年12月冻融目视解译样本点选择分布图

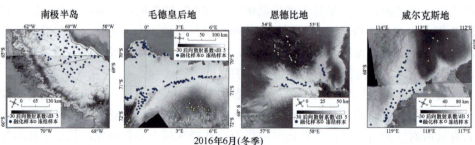

2016年6月(冬季)

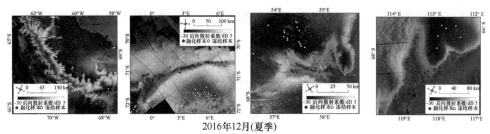

2016年12月(夏季)

(b)四个地区冻融目视解译样本对比

图 4.18　2016 年 12 月 SAR 图像冻融结果目视解译样本点选择

　　此外，本章中还使用了 AWS 温度数据对南极冰盖冻融结果进行精度评估。这是一种间接的方法，在已有的微波辐射计冻融探测研究中，该方法通常被用作验证极地冻融年度开始时间和结束时间，通常以 0℃作为阈值，规定超过 3 天 0℃以上为融化开始时间，超过 7 天 0℃以下为融化结束时间。这是一种间接精度评估方法，使用微波辐射计或微波散射计数据的冻融研究中常使用该方法进行验证。

　　考虑到空气/表面温度不能直接反映融化，AWS 方法仅有助于评估而不是验证冻融状态。例如，当空气/表面温度低于 0℃时，由于太阳辐射渗透到雪中，可能会发生融化。然而，在没有实地验证数据的情况下，它仅作为一个选项使用。如果获取图像时，AWS 站点的温度记录为 0℃以上，则 AWS 位置的状况被视为融化；反之被认为是冻结的。通过比较每个月获取的所有图像，AWS 中的相应温度验证了每月的冻融信息。

　　总体精度（overall accuracy，OA）、Kappa 系数（Kappa coefficient）、假阳率（FPR）和假阴率（FNR）4 个精度指标将被用于该方法的定量分析，这 4 个指标的具体定义如下。

1）总体精度（OA）

　　OA 指被正确分类的类别像元数与总的类别个数的比值，其公式为

$$P_O = \frac{1}{n}\sum_{k=1}^{N} a_{kk} \tag{4.2}$$

式中，n 为像元总数；a_{kk} 为正确分类像元；N 为正确分类像元个数，$k=1, 2, \cdots, N$。

2）Kappa 系数

　　Kappa 系数是一种衡量分类精度的指标。它是通过把所有地表真实分类中的像元总数乘以混淆矩阵对角线的和，再减去某一类地表真实像元总数与该类中被分类像元总数之积对所有类别求和的结果，再除以总像元数的平方减去某一类地

表真实像元总数与该类中被分类像元总数之积对所有类别求和的结果所得到的。其计算公式为

$$Kappa = \frac{N\sum_{i=1}^{m}x_{ii} - \sum_{k=1}^{m}\left\{\sum_{i=1}^{m}x_{ij}\sum_{j=1}^{m}x_{ij}\right\}}{N^2 - \sum_{k=1}^{m}\left\{\sum_{i=1}^{m}x_{ij}\sum_{j=1}^{m}x_{ij}\right\}} \qquad (4.3)$$

式中，$i=1, 2, \cdots, m$；$j=1, 2, \cdots, m$；$k=1, 2, \cdots, m$；N 为总像元个数；x_{ii} 为混淆矩阵的对角线元素；x_{ij} 为混淆矩阵中的元素。Kappa 系数取值为 $-1\sim1$，通常大于 0。

3）假阳率（FPR）、假阴率（FNR）

$$FPR = \frac{FP}{FP + TN}$$
$$FNR = \frac{FN}{FN + TP} \qquad (4.4)$$

式中，FP（false positive）为预测为正的负样本，也可以称作误报率；FN（false negative）为预测为负的正样本，也可以称作漏报率；TP（true positive）为预测为正的正样本，也可以称作判断为真的正确率；TN（true negative）为预测为负的负样本，也可以称作判断为假的正确率。

表 4.6 显示了上述两种评估方法得到的结果。目视解译方法的 OA 为 90%～98%，平均 OA 为 93%。Kappa 系数范围为 0.86～0.96，平均为 0.90。AWS 温度方法，18 个周期的精度大多高于 80%，平均为 84%。除 OA 和 Kappa 系数外，假阳率（FPR）和假阴率（FNR）也列在表 4.6 中。由于 AWS 数量有限，获取数据的时间段有限，因此每月产品中有效的 AWS 验证样本数量很少。因此，在计算这两个指标时，将一年的样本合并统计。根据统计结果，目视解译方法的 FPR 和 FNR 平均值分别为 6% 和 5%，表明 FNR 比 FPR 更稳定。对于 AWS 温度方法，FPR 和 FNR 的值大于目视解译值，平均值分别为 11% 和 35%。因此，与使用 AWS 验证相比，冻融检测出现偏差的可能性较小。使用目视解译方法，误差率相对更低。

与目视解译方法相比，AWS 温度方法的精度较低，波动较大，平均 OA 约 84%。其精度较低是由于 AWS 温度方法是一种间接方法，外部环境的复杂性使得难以有效地形成统一的标准；此外，还由于 AWS 数量有限，采集时间有限，归根结底就是样品数量较少。然而，鉴于总体结果，该时间序列冻融探测方法对大尺度区域是有效的。

表 4.6　月度南极冻融精度评估　　　　　　　（单位：%）

时间（年-月）	VI-OA	VI-KC	VI-FPR	VI-FNR	AWS-OA	AWS-FPR	AWS-FNR
2015-10	92	0.92	5	4	83		
2015-11	91	0.88	6	4	80		
2015-12	93	0.87	7	6	80	15	37
2016-01	90	0.86	10	5	70		
2016-02	94	0.92	8	2	83		
2016-03	91	0.90	8	5	75		
2016-10	90	0.88	15	2	90		
2016-11	94	0.89	7	3	84		
2016-12	98	0.96	1	2	95	9	48
2017-01	95	0.91	2	7	80		
2017-02	91	0.89	5	4	81		
2017-03	94	0.88	7	5	86		
2017-10	95	0.92	3	7	95		
2017-11	92	0.90	4	7	81		
2017-12	91	0.87	10	6	81	10	21
2018-01	93	0.89	4	4	85		
2018-02	94	0.90	5	7	83		
2018-03	92	0.88	7	5	95		
均值	93	0.90	6	5	84	11	35

注：VI，目视解译方法；AWS，自动气象站温度方法；OA，总体精度；KC，Kappa 系数；FPR，假阳率；FNR，假阴率。

3. 冻融状态结果对比

本节将 SAR 得到的冻融产品与已发布的微波辐射计冻融产品进行比较。为了将日冻融数据与本章的月度结果进行比较，将微波辐射计冻融产品按月度提取。任何在一个月内发生融化的区域都标记为"融化"，形成了 2015～2020 年的夏季冻融产品，如图 4.19 所示，通过与图 4.12 2015～2020 年（历年 10 月至次年 3 月）Sentinel-1 卫星 SAR 南极冻融月度产品比较，两个图像的冻融分布匹配。但是，由于缺乏南极洲高纬度地区 SAR 数据，该产品并不能反映这些区域在特定时期的融化状态。通过对比可以发现，2015～2019 年，每年的 10 月和 11 月，南极半岛是融化现象出现的主要区域，其中 2019 年 11 月南极半岛融化加剧，且融化区域延伸到埃尔斯沃思地。12 月至次年 1 月，环南极地区普遍出现融化现象，其中南极半岛和罗斯冰架区域融化现象明显，东南极融化现象主要集中在毛德皇后地和埃默里冰架区域。2 月和 3 月融化现象逐渐减弱。

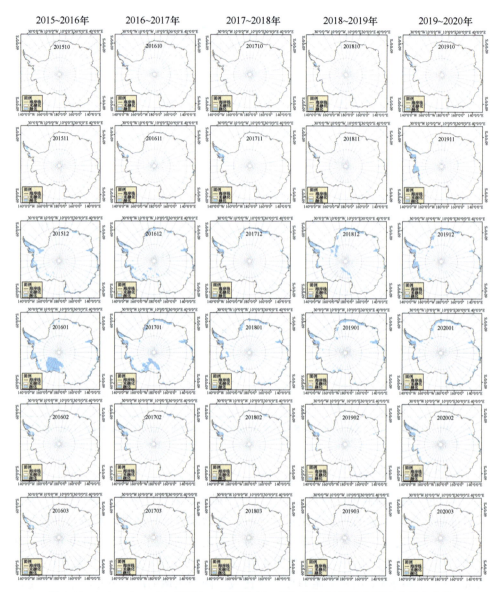

图4.19 2015~2020年（历年10月至次年3月）微波辐射计南极冻融月度产品

4.4 小 结

得益于近年来空间观测技术和地球大数据平台的快速发展，地球大数据平台
为多源海量数据处理、分析、信息挖掘和规律认知提供了平台支撑，为南极冰盖

冻融多尺度、大范围、长时序研究提供了保障。本章面向南极冰盖冻融，结合地球大数据与海量时序 Sentinel-1 EW 模式 SAR 数据，首先介绍了基于地球大数据的海量时序 SAR 数据快速获取及批处理技术方案，实现了南极地区长时序广域 SAR 数据的快速获取和批处理，形成了 2014 年以来南极地区 Sentinel-1 EW 模式精处理数据集；其次重点介绍了基于轨道归一化技术的时序洲际尺度南极冰盖多要素信息快速探测模型，获得了 2015 年以来环南极大陆 40m 分辨率多尺度冰盖冻融状态产品，如环南极冰盖月更新冻融状态产品和环南极冰架 5 天更新冻融状态产品。这些数据集将为极地冰盖物质和能量平衡模型提供高精度输入参数，为全球变化背景下极地冰盖的变化研究提供科学依据。

参 考 文 献

Aldwairi M, Hamzah A Y, Jarrah M. 2019. MultiPLZW: A novel multiple pattern matching search in LZW-compressed data. Computer Communications, 145: 126-136.

Arthur J F, Chris S, Jamieson S S, et al. 2020. Recent understanding of Antarctic Supraglacial Lakes using satellite remote sensing. Progress in Physical Geography: Earth and Environment, 44(6): 837-869.

Banwell A F, Rajashree T D, Dell R L, et al. 2021. The 32-year record-high surface melt in 2019/2020 on the Northern George VI Ice Shelf, Antarctic Peninsula. The Cryosphere, 15(2): 909-925.

Benson C S. 2006. Stratigraphic studies in the snow and firn of the Greenland ice sheet. California, USA: California Institute of Technology.

Frost V S, Stiles J A, Shanmugan K S, et al. 1982. A model for radar images and its application to adaptive digital filtering of multiplicative noise. IEEE Transactions on Pattern Analysis and Machine Intelligence, (2): 157-166.

Furst J J, Durand G, Gillet-Chaulet F, et al. 2016. The safety band of Antarctic Ice Shelves.Nature Climate Change 6: 479-482.

Gardner A S, Moholdt G, Gillet-Chaulet F, et al. 2013. A reconciled estimate of glacier contributions to sea level rise: 2003 to 2009. Science, 340: 852-857.

Gardner A S, Sharp M J. 2010. A review of snow and ice albedo and the development of a new physically based broadband albedo parameterization. Journal of Geophysical Research: Earth Surface, 115(F1): 1-15.

Gerrish L, Fretwell P, Cooper P. 2020. Medium Resolution Vector Polygons of the Antarctic Coastline(Version 7.3). Cambridge: UK Polar Data Centre.

Guo H, Liu Z, Jiang H, et al. 2017. Big Earth Data: A new challenge and opportunity for Digital Earth's development. International Journal of Digital Earth, 10(1): 1-12.

Guo H, Nativi S, Liang D, et al. 2020. Big Earth Data science: An information framework for a sustainable planet. International Journal of Digital Earth, 13(7): 743-767.

Hanna E, Navarro F J, Pattyn F, et al. 2013. Ice-sheet mass balance and climate change. Nature, 498(7452): 51-59.

Hogg A E, Hilmar G. 2017. Impacts of the Larsen-C Ice Shelf calving event. Nature Climate Change, 7(8): 540-542.

Holland P R, Hugh F, Pritchard H D, et al. 2011. The air content of Larsen Ice Shelf. Geophysical Research Letters, 38(10): 1-6.

Jun S Y, Kim J H, Choi J, et al. 2020. The internal origin of the west-east asymmetry of Antarctic climate change. Science Advances, 6(24): eaaz1490.

Kuan D T, Sawchuk A A, Strand T C, et al. 1985. Adaptive noise smoothing filter for images with signal-dependent noise. IEEE Transactions on Pattern Analysis and Machine Intelligence, (2): 165-177.

Lee J S. 1980. Digital image enhancement and noise filtering by use of local statistics. IEEE Transactions on Pattern Analysis and Machine Intelligence, (2): 165-168.

Liang D, Guo H, Zhang L, et al. 2021. Analyzing Antarctic ice sheet snowmelt with dynamic Big Earth Data. International Journal of Digital Earth, 14(1): 88-105.

Liang L, Li X, Zheng F. 2019. Spatio-temporal analysis of ice sheet snowmelt in Antarctica and Greenland using microwave radiometer data. Remote Sensing, 11(16): 1838.

Liu H, Jezek K C. 2004. A complete high-resolution coastline of Antarctica extracted from orthorectified Radarsat SAR imagery. Photogrammetric Engineering & Remote Sensing, 70(5): 605-616.

Liu H, Wang L, Jezek K C. 2006. Automated delineation of dry and melt snow zones in Antarctica using active and passive microwave observations from space. IEEE Transactions on Geoscience and Remote Sensing, 44(8): 2152-2163.

Lopes A, Touzi R, Nezry E. 1990. Adaptive speckle filters and scene heterogeneity. IEEE transactions on Geoscience and Remote Sensing, 28(6): 992-1000.

Mote T L, Anderson M R, Kuivinen K C, et al. 1993. Passive microwave-derived spatial and temporal variations of summer melt on the Greenland ice sheet. Annals of Glaciology, 17: 233-238.

Paolo F, Fricker H, Padman L. 2015. Volume loss from antarctic ice shelves is accelerating. Science, 348(6232): 327-331.

Picard G, Fily M, Gallée H. 2007. Surface melting derived from microwave radiometers: A climatic indicator in Antarctica Annals of Glaciology, 46: 29-34.

Picard G, Fily M. 2006. Surface melting observations in Antarctica by microwave radiometers: Correcting 26-year time series from changes in acquisition hours. Remote Sensing of Environment, 104(3): 325-336.

Qin D, Xiao C, Ding Y, et al. 2006. Progress on cryospheric studies by international and Chinese Communities and perspectives. Journal of Applied Meteorological Science, 17(6): 649-656.

Shepherd A, Ivins E R, Geruo A, et al. 2012. A reconciled estimate of ice-sheet mass balance. Science, 338(6111), 1183-1188.

Torinesi O, Fily M, Genthon C. 2003. Variability and trends of the summer melt period of antarctic ice margins since 1980 from microwave sensors.Journal of Climate,16(7): 1047-1060.

Wang X D, Li X W, Wang C, et al. 2018. Antarctic ice-sheet near-surface snowmelt detection based on the synergy of SSM/I data and QuikSCAT data. Geoscience Frontiers, 9(3): 955-963.

Zhu Q, Guo H, Zhang L, et al. 2023. High-resolution spatio-temporal analysis of snowmelt over Antarctic Peninsula ice shelves from 2015 to 2021 using SAR images. International Journal of Digital Earth, 16(1): 826-847.

第 5 章

南极冰盖冻融时空变化分析

本章导读 依托遥感南极冰盖冻融产品和地球大数据平台分析方法，着眼于时空变化，从洲际尺度到冰架尺度，从季节性变化到长期趋势，全面解析了冰盖冻融多尺度时空变化特点，旨在揭示南极冰盖冻融现象的时空动态，以及其与全球气候变化之间的关联。

从地球大数据分析的角度，介绍南极冰盖冻融时空变化特征提取方法，并从洲际尺度分析环南极冰盖的冻融变化，重点关注夏季融化面积的月变化和冰架融化面积比例的变化趋势，此外聚焦于南极半岛冰架的冻融时空对比，分析该地区冰架融化时空变化特点。

2000 年后，南极冰盖融化面积整体呈上升趋势，其中南极半岛尤为严重。该区域的异常融化事件和由此导致的冰架突然崩解等现象广受关注。本章通过利用 Sentinel-1 SAR 冻融数据获取的拉森 C 冰架表面融水情况，得到了相较此前的研究时空分辨率更高的区域尺度冻融信息，可以较清楚地显示近年来每个融化季内的融化面积变化。所获取的拉森 C 冰架表面融水情况，为冰架表面融水对于冰架崩解的促进作用提供又一佐证。

5.1 南极冰盖高分辨率冻融时空变化特征

第 4 章介绍了 SAR 冻融探测方法和获得的南极高分辨率冻融产品，本章将分别从洲际尺度、区域尺度和冰架尺度开展南极冰盖冻融时空变化特征分析，其中，洲际尺度的研究区域是整个南极洲或环南极洲区域，区域尺度的研究区选择南极半岛地区，冰架尺度研究区重点选择南极半岛地区的拉森 C 冰架。

5.1.1 环南极冰盖冻融变化

1. 基于 SAR 冻融产品的环南极冰盖冻融月变化分析

利用前文介绍的 SAR 环南极月更新冰盖冻融产品，本书对 2015～2020 年南极冰盖夏季融化面积变化进行统计，结果如图 5.1 所示。12 月和 1 月是南极融化最剧烈的月份，2016～2017 年的夏季在研究时间段内融化现象尤为突出，2016 年 12 月和 2017 年 1 月的融化面积分别达到 79.23 万 km² 和 95.89 万 km²，2016 年 10 月各地区融化面积也明显高于其他年份，表明 2016 年出现了提前融化现象。此外，从图 5.1 中也可以看到，2020 年 3 月的融化面积高于其他年份，显示出近年来南极地区的夏季有延长的趋势。

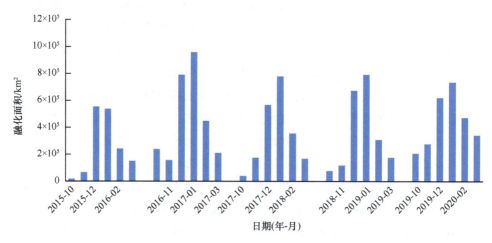

图 5.1　2015～2020 年南极冰盖融化面积统计（历年 10 月至次年 3 月）

2. 基于 SAR 冻融产品的环南极冰架变化趋势对比

利用第 4 章提到的 SAR 冰架冻融产品，对环南极冰架（面积>100km²）的融化面积进行统计，考虑到冰架之间存在面积差异，因此为了统一标准，在分析融化面积时，采用融化面积比例作为分析指标。图 5.2 是 2015～2021 年融化季（10 月至次年 3 月）每月南极冰架融化面积比例变化趋势图，图中用红色、蓝色的圆形来表示分析结果，红色与蓝色分别代表变化趋势的正、负，圆形半径代表变化趋势的强弱。考虑到 12 月到次年 2 月是南极冰架融化最剧烈的月份，是南极洲的夏季，因此，将这 3 个月合并考虑，形成 2015～2021 年南极夏季冰架融化面积比例变化趋势图，如图 5.3 所示。

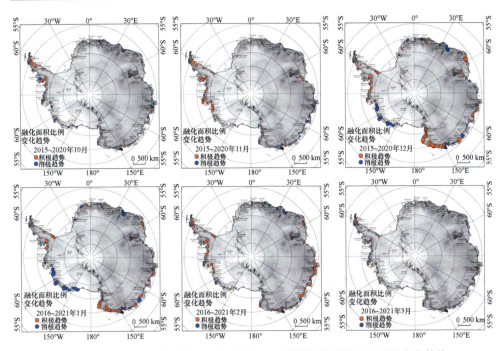

图 5.2　2015~2021 年历年 10 月至次年 3 月南极冰架融化面积比例变化趋势

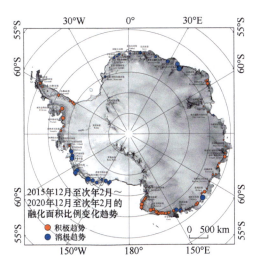

图 5.3　2015~2021 年夏季南极冰架融化面积比例变化趋势

　　根据统计结果，近年来南极冰架融化呈现"十"字对称，南极半岛及威尔克斯地冰架融化增强，而毛德皇后地和玛丽·伯德地冰架融化减弱；南极半岛和维多利亚地夏季融化明显增加，尤其南极半岛不同月份表现为持续的强融化。此外，根据

图 5.2 每个月的年度对比结果,在 2~3 月,南极大陆南极半岛、威尔克斯地等区域融化增强趋势依旧明显,这都印证了南极半岛等一些南极地区明显的夏季后移现象。

5.1.2 南极半岛冰架冻融时空对比

南极半岛是南极最大的半岛,由于纬度较低,它是南极大陆最温暖、降水最多的地方。南极半岛融化区域面积不到南极冰盖的 20%,融化量却占整个南极冰盖的 66%(国家遥感中心,2020)。南极半岛对气候变化十分敏感,曾是地球表面增温最迅速的地区之一。2000 年后,南极半岛进入"全球变暖间歇期",变冷趋势在南极半岛北部和东部明显,冰盖融化呈现减弱趋势。但近年来南极半岛的冬季融化现象却频繁加剧。研究表明,除了气温对南极冰盖表面融化有影响外,冰盖表面融化也受到了南半球环状模(SAM)指数(Barrand et al.,2013)、焚风(Van den Broeke et al.,2004;Zou et al.,2019;Datta et al.,2019)、大气环流(Wille et al.,2019)等其他因素的影响,因此南极冰架的冻融时空变化信息是反映上述气候现象及变化的重要指示剂。本节对南极半岛地区冰架的冻融时空变化进行分析和对比,图 5.4 显示了南极半岛地区主要冰架的分布图。

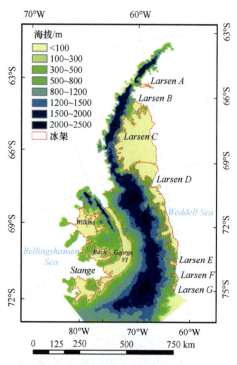

图 5.4 南极半岛主要冰架分布图

Bach 表示巴赫冰架,Stange 表示斯唐厄冰架

　　图 5.5 展示了 4 个不同月份（2 月、3 月、10 月和 12 月）南极半岛冰架的总融化面积直方图。根据该图，在南极半岛，每年的 12 月冰架表面融化最强烈，平均融化面积为 106008 km²。2017 年融化高峰达到 122901 km²，2016 年 12 月融化面积最低，仅为 73119 km²。拉森 C 冰架贡献了 12 月南极半岛融雪总量的 39.6%（平均 41997 km²），其次是乔治六世冰架 18.1%（平均 19172 km²）。南极半岛近几年 3 月的融化强度明显增加，这也是南极半岛经历了夏季消退的证据之一。2017～2020 年，南极半岛 3 月平均融化面积为 28103 km²，而 2021 年和 2022 年融化面积分别为 93872 km² 和 47381 km²，与 2017～2020 年相比显著增加。图 5.6 分别是乔治六世（George VI）冰架、威尔金斯（Wilkins）冰架和拉森 C（Larsen C）冰架融化面积时序图。

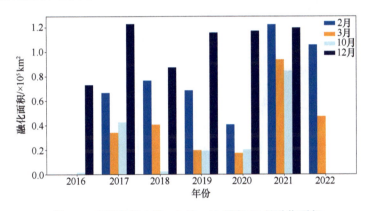

图 5.5　南极半岛 2 月、3 月、10 月和 12 月融化面积

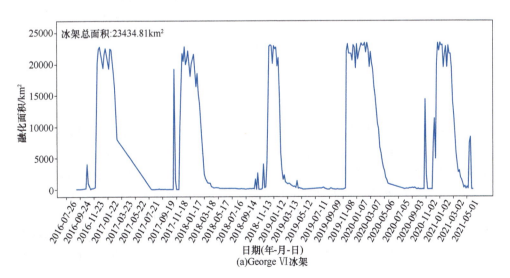

(a)George VI 冰架

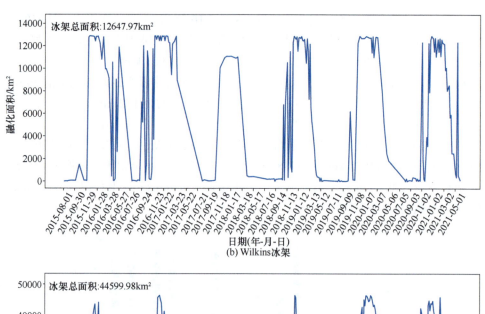

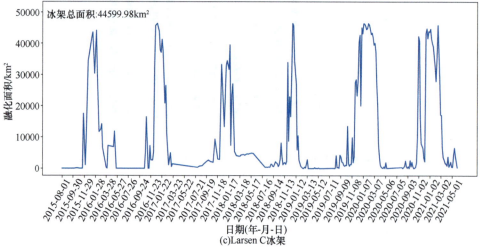

图5.6 南极半岛3个典型冰架融化面积时序变化图

接下来，根据对每个冰架最大融化面积的统计数据，本书拟合了2015～2021年不同月份表面融雪面积的变化率。同样，我们将每个冰架的变化率根据冰架面积进行归一化处理，使其具有可比性。图5.7为2015～2021年每个南极融化季（10月至次年3月）南极半岛冰架融化的结果，其中红色圆圈表示在此时间范围内冰架融化呈增加（积极）趋势，而蓝色圆圈表示呈下降（消极）趋势。整体而言，南极半岛冰架融化面积呈增加趋势。具体地说，11月和1月南极半岛冰架融化面积显著增加。其中，南极半岛东海岸的拉森冰架、西海岸的乔治六世和威尔金斯冰架有较强的融化趋势。相反，在 12 月和 3 月，在南极半岛东海岸和西海岸的变化率呈现明显分异。西海岸冰架融化面积在这两个月呈小幅下降趋势，而东海岸冰架融化强度较高。

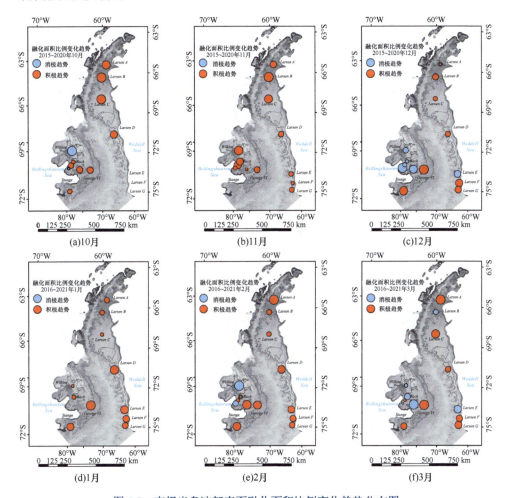

图 5.7 南极半岛冰架表面融化面积比例变化趋势分布图

图 5.8 进一步分析了 2016～2021 年历年 3 月的冰架融化比例的空间分布，揭示了南极半岛的空间融化模式。选择融化比例而不是融化面积是因为冰架的大小容易限制融化面积。南极半岛西海岸 3 月的融化程度高于东海岸。在本研究计算的西海岸的 7 个冰架中，有 5 个冰架完全融化，其余的斯唐厄冰架和乔治六世冰架也有融化，分别为 58.06% 和 34.4%。相比之下，除拉森 A 冰架外，东海岸冰架的融化幅度均未超过 30%。2018 年和 2019 年发生了几乎相同的融化模式。此

外，除拉森 C 冰架外，3 月高融冰区的所有冰架均来自南极半岛西海岸。例如，拉森 D 冰架占 12 月融冰总量的 16.06% 但 3 月只占 4%。

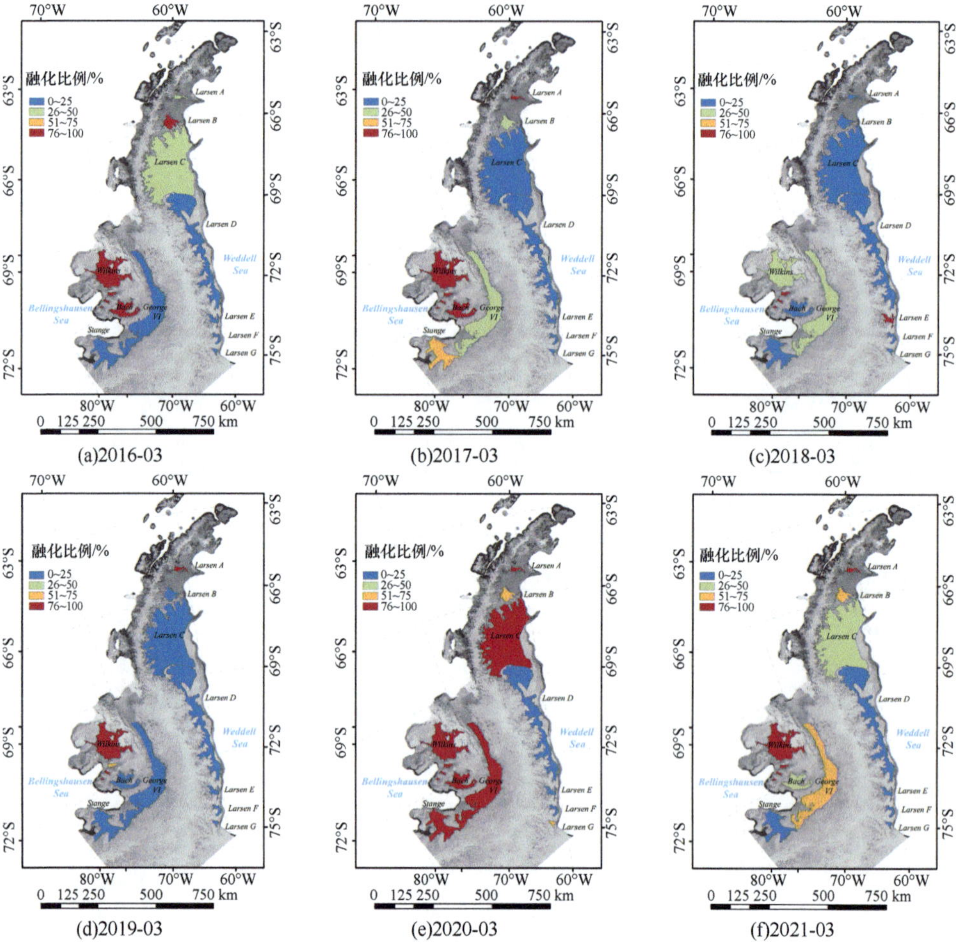

图 5.8　南极半岛冰架 3 月融化比例分布图

5.1.3　拉森 C 冰架冻融时空变化分析

拉森 C 冰架位于南极半岛东海岸，是南极半岛最大的冰架，图 5.9 展示了拉森 C 冰架近年来的融化时序变化信息。通过分析可以发现，拉森 C 冰架夏季融化面积大，普遍超过 40000 km^2，但不同年份的融雪开始时间存在差异。此外，2019～2020 年，拉森 C 冰架的融化明显增强，超过 40000 km^2 的融化现象一直延续到 2 月中旬。

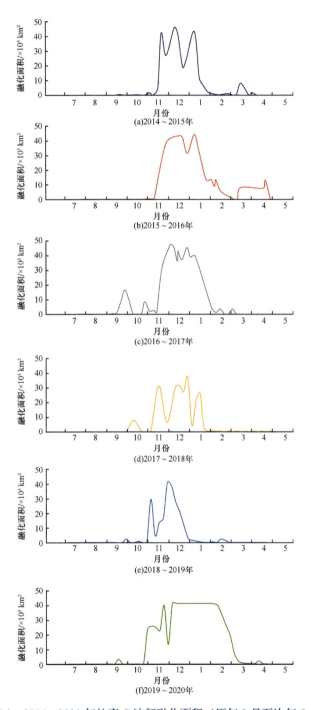

图 5.9　2014～2020 年拉森 C 冰架融化面积（历年 8 月至次年 5 月）

Sentinel-1 卫星 SAR 冻融数据可获取更高时空分辨率的区域尺度冻融信息。图 5.9 是拉森 C 冰架 2014～2020 年（历年 8 月至次年 5 月）每个融化季的融化面积时序变化信息，可以较清楚地显示近年来每个融化季内的融化面积变化。根据此结果，2015～2017 年，拉森 C 冰架的冬季融化量占到全年总量的 25%，其融化强度和频率很高。与其他年份相比，受 2015～2016 年强厄尔尼诺事件的影响，拉森 C 冰架卡比纳特湾（Cabinet Inlet）焚风出现的频率达到自 20 世纪 90 年代以来的最高值。2016 年 3～5 月拉森 C 冰架发生了极为密集的融化，这一极端冬季融化现象与焚风频率增强有关（Datta et al., 2019；Elvidge et al., 2020；Kuipers et al., 2018）。为了更好地显示异常融化事件，图 5.10 和图 5.11 分别展示了 2015～2020 年每年 3 月和 5 月拉森 C 冰架的冻融信息。

2017 年 7 月，面积达 5800km^2、重达 1 万亿 t 的 A68 冰山从拉森 C 冰架脱离。多项观测数据表明，密集且长期的表面融水对于冰架的突然崩解有明显的促进作用。使用 Sentinel-1 SAR 影像获取的拉森 C 冰架表面融水情况清晰地展示了在南极冰架大规模地表融化尚未发生时，拉森 C 冰架上就发现了地表融水，并且 A68 冰山附近的融化持续时间明显更长。2017 年 2 月，拉森 C 冰架整体融化程度已经较低，可是在 A68 冰川表面仍然探测到大量表面融水，该现象也为冰架表面融水

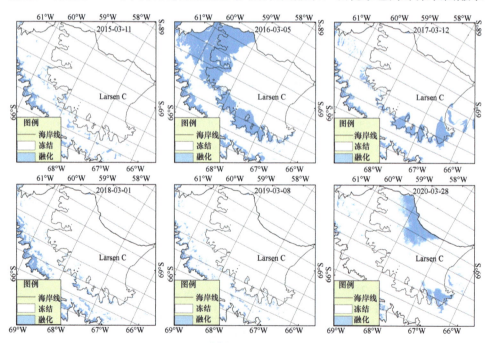

图 5.10　2015～2020 年每年 3 月拉森 C（Larsen C）冰架冻融状态

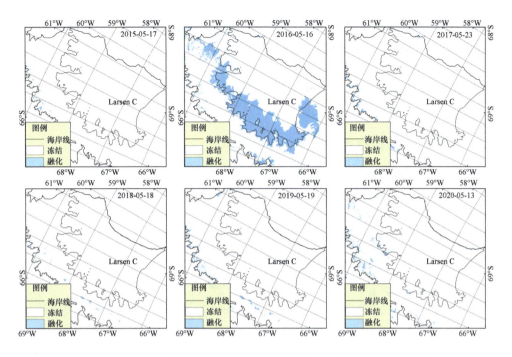

图 5.11　2015～2020 年每年 5 月拉森 C（Larsen C）冰架冻融状态

对于冰架崩解的促进作用提供又一佐证。利用高精度高分辨率的表面融化结果可以更清晰地显示冰架的融化模式，从而可以定性分析地表融雪与冰架塌陷和解体之间的相关性。

　　焚风的出现是高耸的山脉阻碍了西风，导致南极半岛东西部气候差异，西部是海洋性气候，东部是大陆性气候。来自海洋的寒冷北风吹向南极半岛东部，使得在同一纬度上，南极半岛东部平均温度比西部低 3～5℃，但南极半岛东西部的融化量几乎相同。这是格雷厄姆地（Graham Land）背风坡的焚风所导致的。干燥绝热的焚风湿度低、温度高，可导致南极半岛东部山脚剧烈融化。由于焚风出现，南极半岛东部的拉森 C 冰架出现强烈融化现象（Datta et al.，2019；国家遥感中心，2020；Liang et al.，2021）。

5.2　长时序南极冰盖冻融时空变化与异常

　　在 5.1 节中，利用 Sentinel-1 卫星 SAR 数据得到的高分辨率南极冻融产品进行了三个尺度时空变化分析，但由于 Sentinel-1 卫星获取数据的时间周期从 2014 年开始，因此仅基于 Sentinel-1 影像难以开展大尺度长周期的南极冰盖冻融时空特征分析。本章除了采用 SAR 数据获得冻融结果以外，还采用由 NSIDC 提供的微波辐射计（SMMR 和 SSM/I）获取的 1979～2020 年（不含 1987 年）南极冰盖冻融年度融化长时序数据进行冻融时空变化分析。该冻融数据产品基于 Torinesi 等（2003）及 Picard 和 Fily（2006）开发的算法，综合利用 SMMR 和 SSM/I 数据，反演了南极冰盖冻融产品[1]，空间分辨率为 25 km。

5.2.1 辐射计南极冰盖融化数据产品

图 5.12 是基于微波辐射计生产的 1979～2020 年（不含 1987 年）南极冰盖冻融年度融化持续时间数据。其中，每年定义为当年 7 月至次年 6 月。

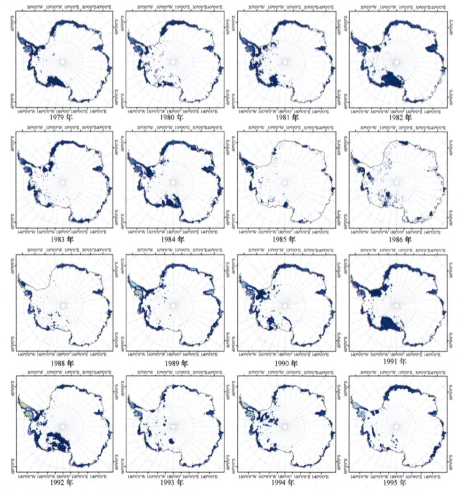

① https://snow.univ-grenoble-alpes.fr/melting/。

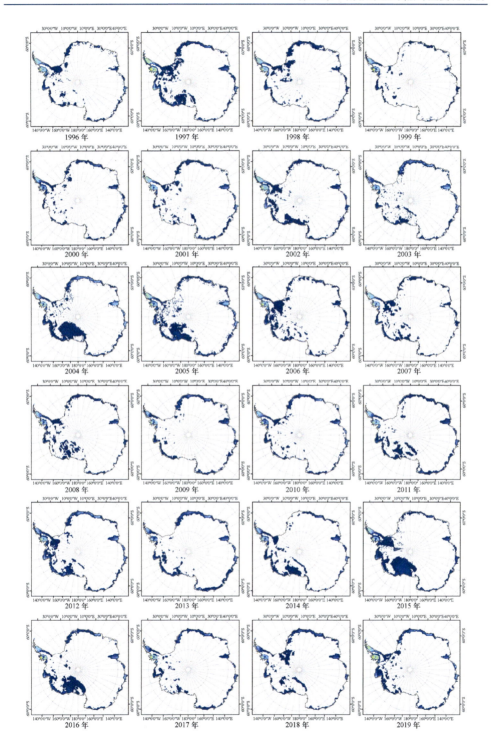

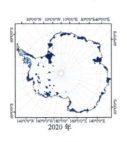

图 5.12 1979～2020 年（不含 1987 年）南极冰盖融化持续时间

5.2.2 南极冰盖融化区域空间分布特征

首先使用离散点的位置验证每年的冻融关系，图 5.13 给出了 Zernike 矩在三组参数（即 Zernike 矩的阶数和重数）下的结果，分别定义 1979～2020 年的融化区域为 $m=1$，$n=1$；$m=2$，$n=0$ 和 $m=2$，$n=2$。

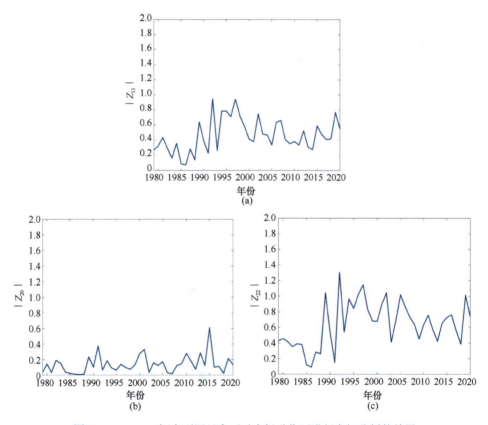

图 5.13 Zernike 矩在不同尺度下对南极融化区进行空间分析的结果

（a）$m=1$，$n=1$；（b）$m=2$，$n=0$；（c）$m=2$，$n=2$

根据图 5.13 所示，Zernike 矩特征值反映了 1979～2020 年南极冰盖融化区域形状的动态变化。Zernike 矩特征值之间的年度差异对于所考虑的三组参数（Zernike 矩的阶数和重数）来说都很小。这表明在每年中，融化区域基本相似。不论 m 和 n 的取值，Zernike 矩的特征值波动均较小，特别是 $m=2$，$n=0$ 时，基本仅在 0～0.5 波动。这表明离散点的分布在整个时间序列中基本相似。上述离散分析结果表明，1979～2020 年，南极冰盖的融化区域没有发生显著变化。

5.2.3　南极冰盖融化面积和融化指数年度时序变化特征

过去 40 年来，南极冰盖的物质平衡一直呈负增长（Rignot et al.，2019），这主要是由冰架变薄和崩解所致（Turner et al.，2017）。在这个过程中，冰盖表面融化起着重要的作用。在冰盖表面融化后再冻结的冰雪中形成了比干雪更大的雪粒，显著地增加了太阳辐射，导致冰雪表面反照率减小（Jakobs et al.，2019；Gardner and Sharp，2010），同时，表面融水渗透到冰层中，会形成水裂压（Deconto and Pollard，2016），这进一步削弱了冰架的稳定性。

南极冰盖融化区域多分布于南极半岛及环南极沿海地区（Kuipers et al.，2018）（图 5.12）。2000 年后，南极冰盖融化面积明显增加，整体呈上升趋势，其中南极半岛的表面融化尤为严重（Rignot et al.，2019）。同时，西南极的埃尔斯沃思地和玛丽·伯德地也经历了明显的冰盖表面融化。东南极的威尔克斯地和维多利亚地的沿海地区，2018～2019 年出现了较大面积的融化（Zheng et al.，2020）。

南极冰盖融化状况年际变化较大，1979～2020 年（不含 1987 年）融化指数（melt index，MI）及融化面积时间序列如图 5.14 所示。融化指数是指一年中融化

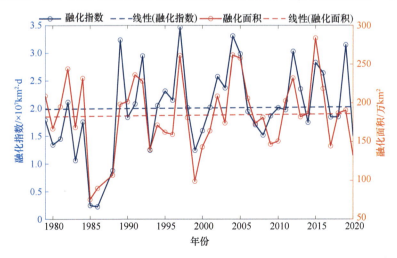

图 5.14　1979～2020 年（不含 1987 年）南极冰盖融化指数及融化面积时间序列

区域的持续时间与融化面积数值乘积之总和，以 km²·d 表示。融化指数最大的年份是 1997 年，达 3468 万 km²·d；最小的年份是 1986 年，为 222.9 万 km²·d。融化面积最大的年份是 2015 年，达 283.7 万 km²；最小的年份是 1985 年，为 75.63 万 km²。南极冰盖融化最剧烈时，日平均融化面积可达 13.2 万 km²，2 月初减少至峰值的 27%。随着冰雪的重新冻结，融化面积逐渐减少。自 3 月起，南极开始进入冬季，除南极半岛外，其他地区融化现象鲜有发生。

5.2.4　南极冰盖冻融异常特征

为了评估南极冰盖冻融的季节性变化，本节利用微波辐射计数据计算每月融化面积的比例。结果表明，南极冰盖冻融具有明显的季节性特征，在南半球夏季融化现象剧烈，融化面积通常从 11 月开始逐渐增加，并在 12 月和次年的 1 月达到顶峰。1979～2020 年南极冰盖发生融化的面积达 517.9 万 km²，约占南极洲总面积的 17.9%。图 5.15 显示了南极冰盖每月融化面积的比例，计算公式如下：

$$P(i) = \text{num}(i)/(h*w) \tag{5.1}$$

式中，num(i)为图像的总像元数目；i 代表月份；h 和 w 分别为原始图像的高度和宽度。

图 5.15 表明，在每年 4～11 月，南极冰盖较为稳定，融化比例接近于 0，融化主要发生在 10 月至次年 3 月，其中 12 月和次年 1 月融化达到高峰。

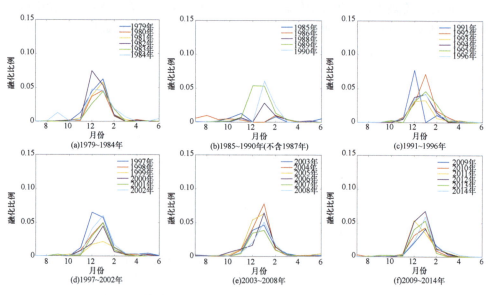

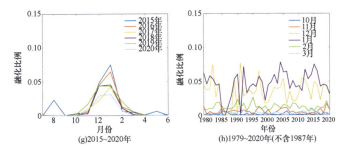

图 5.15　1979～2020 年（不含 1987 年）南极冰盖融化面积比例

　　由于南极冰盖融化主要在 10 月至次年 3 月发生，因此选择这些月份的数据进行异常融化检测的定量分析。将同一月份的融化区统计数据和 Mann-Kendall 检验结合，计算每年的 UF 和 UB 统计量。图 5.16 显示了 10 月至次年 3 月 UF 和 UB 统计量的变化曲线。

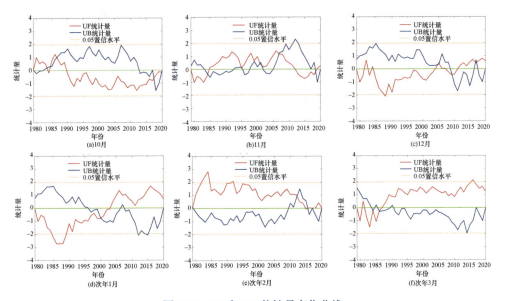

图 5.16　UF 和 UB 统计量变化曲线

　　由图 5.16 发现，11 月、次年 2 月和 3 月都出现了 UF 和 UB 统计量超过 0.05 置信水平的现象，这表明融化持续时间在延长，10 月变化相对不显著。此外，UF 和 UB 的交点表示融化发生的突变，在 2000 年 1 月和 11 月，以及 2015 年之后的 10 月、11 月、12 月和次年 2 月都可以观察到交叉点，这与厄尔尼诺事件具有高相关性（Wille et al.，2019；Nicolas et al.，2017）。同时，可以看出，2015～2016

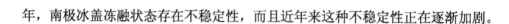

年，南极冰盖冻融状态存在不稳定性，而且近年来这种不稳定性正在逐渐加剧。

5.3　小　　结

地球大数据是与地球科学相关的大数据，其在地球科学研究中的作用越发凸显，可为全球变化、地球多圈层与人类活动作用，以及可持续发展等热点问题研究带来创新驱动力。本章利用 SAR 南极冰盖冻融信息的高时空分辨率，分别从洲际尺度和区域尺度开展 2015 年以来南极冰盖融化面积时序变化分析，以南极半岛和拉森 C 冰架作为典型区域，重点开展冰盖冻融时空精细变化和异常分析。同时，利用从微波辐射计提取的 1979～2020 年长时序南极冰盖冻融数据，从地球大数据分析角度提出了南极冰盖冻融时空变化特征提取方法。该方法在利用 Zernike 矩的图像算法获取南极冰盖融化面积信息的基础上，采用 Mann-Kendall 检验法检验南极冰盖冻融的时间变化和异常信息，同时开展这些信息与季节变化趋势的关联分析。研究结果表明，南极冰盖融化区域多分布于南极半岛及环南极沿海地区，大部分内陆地区未发生融化。2000 年后，南极冰盖融化面积增加，虽不显著但整体呈上升趋势，其中南极半岛尤为严重。受 2015～2016 年强厄尔尼诺事件的影响，拉森 C 冰架区域因焚风导致的冰盖表面融化的强度和频次增加，导致 2016 年冬季出现异常融化事件。本章证明了地球大数据分析方法可用于提取和认识洲际尺度长时序的南极冰盖冻融变化规律和异常，并具有鲁棒性和自适应性。

参 考 文 献

国家遥感中心. 2020. 全球生态环境遥感监测2020年度报告"南极冰盖变化"专题报告. 北京: 测绘出版社.

Barrand N E, Vaughan D G, Steiner N, et al. 2013. Trends in Antarctic Peninsula surface melting conditions from observations and regional climate modeling. Journal of Geophysical Research: Earth Surface, 118(1): 315-330.

Datta R T, Tedesco M, Fettweis X, et al. 2019. The effect of foehn-induced surface melt on firn evolution over the Northeast Antarctic Peninsula. Geophysical Research Letters, 46(7): 3822-3831.

Deconto R M, Pollard D. 2016. Contribution of Antarctica to past and future sea-level rise. Nature, 531(7596): 591-597.

Elvidge A D, Kuipers M P, King J C, et al. 2020. Atmospheric drivers of melt on Larsen C Ice Shelf: Surface energy budget regimes and the impact of foehn. Journal of Geophysical Research: Atmospheres, 125(17): e2020JD032463.

Gardner A S, Sharp M J. 2010. A review of snow and ice albedo and the development of a new physically based broadband albedo parameterization. Journal of Geophysical Research: Earth Surface, 115(F1): 1-15.

Jakobs C L, Reijmer C H, Kuipers M P, et al. 2019. Quantifying the snowmelt-albedo feedback at Neumayer Station, East Antarctica. The Cryosphere, 13(5): 1473-1485.

Kuipers M P, Luckman A J, Bevan S L, et al. 2018. Intense Winter Surface Melt on an Antarctic Ice Shelf. Geophysical Research Letters, 45(15): 7615-7623.

Liang D, Guo H, Zhang L, et al. 2021. Time-series snowmelt detection over the Antarctic using Sentinel-1 SAR images on Google Earth Engine. Remote Sensing of Environment, 256: 112318.

Nicolas J P, Vogelmann A M, Scott R C, et al. 2017. January 2016 extensive summer melt in West Antarctica favoured by strong El Niño. Nature Communications, 8: 15799.

Picard G, Fily M. 2006. Surface melting observations in Antarctica by microwave radiometers: Correcting 26-year time series from changes in acquisition hours. Remote Sensing of Environment, 104(3): 325-336.

Rignot E, Mouginot J, Scheuchl B, et al. 2019. Four decades of Antarctic Ice Sheet mass balance from 1979-2017. Proceedings of the National Academy of Sciences, 116(4): 1095.

Torinesi O, Fily M, Genthon C. 2003. Variability and trends of the summer melt period of Antarctic Ice Margins since 1980 from microwave sensors. Journal of Climate, 16(7): 1047-1060.

Turner J, Orr A, Gudmundsson G H, et al. 2017. Atmosphere-ocean-ice interactions in the Amundsen Sea Embayment, West Antarctica. Reviews of Geophysics, 55(1): 235-276.

Van den Broeke M R, Van Lipzig N P M. 2004. Changes in Antarctic temperature, wind and precipitation in response to the Antarctic Oscillation. Annals of Glaciology, 39: 119-126.

Van den Broeke M, Van As D, Reijmer C, et al. 2004. Assessing and improving the quality of unattended radiation observations in antarctica. Journal of Atmospheric and Oceanic Technology, 21(9): 1417-1431.

Wille J D, Favier V, Dufour A, et al. 2019. West Antarctic surface melt triggered by atmospheric rivers. Nature Geoscience, 12(11): 911-916.

Zheng L, Zhou C, Wang K. 2020. Enhanced winter snowmelt in the Antarctic Peninsula: Automatic snowmelt identification from radar scatterometer. Remote Sensing of Environment, 246: 111835.

Zou X, Bromwich D H, Nicolas J P, et al. 2019. West Antarctic surface melt event of January 2016 facilitated by föhn warming. Quarterly Journal of the Royal Meteorological Society, 145(719): 687-704.

第 6 章

冻融与气温的时空关联关系分析

本章导读 南极冰盖冻融状态作为对全球变化研究最敏感的因子和最直接的重要指针，随着全球气候变暖，冰盖冻融对气候强迫的响应意味着融化季节平均地表温度每增加 1℃，对应的融化指数平均增加约 2×10^6 km^2·d。

受全球气候变化的影响以及其他环境因素的交互作用，南极地区的气温正在经历复杂的变化模式，1994 年之前南极地区年均温度呈现稳定的上升趋势，之后则可以观察到南极地区年际温度变化出现波动情况，且年温差不断递增。

认识南极地区冻融与气温之间时空相关性对南极冰盖稳定性及全球变化研究十分重要。本章基于南极实地气温数据和微波辐射计生产的冻融数据，应用皮尔逊、DTW 关联相似性系数、聚类以及格兰杰因果检验等时空关联关系分析方法，研究发现南极冰盖的融化面积与气温呈现强相关性，且互为因果关系。

6.1 南极温度数据及其时空变化特征

6.1.1 南极温度数据

1. 研究地区选择

自 20 世纪中叶以来，南极经历了地表气温的区域变化，西南极和南极半岛的升温速度是全球平均速度的两倍多，而东南极的地表气温却有所下降，南极气温的变化是当前的研究热点之一（Rignot et al., 2019; Wille et al., 2019; Turner et al.,

2020；Liang et al.，2021）。

随着全球气候变暖，冰盖冻融对气候强迫的响应意味着融化季节平均地表温度每增加 1 ℃，对应的融化指数增加约 2×10^6 km^2·d，地表气温变化对南极冰盖的直接影响在南极的夏季表现得尤为突出（Tedesco，2009）。本章主要选取南极的四个具有代表性的区域，南极半岛、毛德皇后地、埃默里冰架和维多利亚地（图 6.1），通过微波辐射计数据和 AWS 温度数据开展气温与冻融的时空变化特征研究，分析气温与冰盖冻融的作用机制，揭示南极冰盖对全球变化的响应，助力南极冰盖稳定性及全球变化研究。

图 6.1　研究区域位置示意图

2. 气温数据

目前，有百余个 AWS 布设在南极的不同区域，用于研究近地层天气、气候条件和微气象物理过程。AWS 实现了偏远地区和天气条件恶劣区域的长期无人观测，本章使用的气温数据主要来源于由英国南极调查局（British Antarctic Survey，BAS）和 USAP 提供的 AWS 温度数据。后续研究使用了 BAS 提供的月平均气温数据，包含考察站数据和 AWS 数据，站点信息如图 6.2 和表 6.1 所示。

南极半岛选用了 5 个站点的月平均气温数据。法拉第站（Faraday）的数据质量最佳，从 1950 年开始投入使用到 2020 年 3 月，每个月都有连续的气温数据。马兰比奥站（Marambio）和罗瑟拉站（Rothera）次之，自投入使用到 2020 年 3 月，分别有 4 个月和 6 个月的数据缺失。贝尔纳多·奥辛吉斯将军站（O'Higgins）数据质量较差，O'Higgins 自 1963 年投入使用以来，到 1987 年末只出现了 1 个月的缺损，但 1988 年出现了 11 个月的缺损，且 2003～2020 年，除了 2012 年和 2018

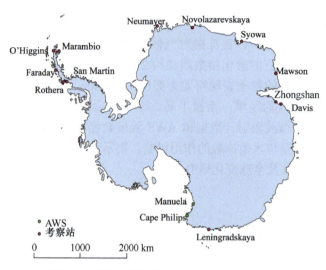

图 6.2　所选南极考察站和 AWS 位置示意图

表 6.1　所选南极考察站和 AWS 信息

站点名称	纬度（°）	经度（°）	高程/m	所在区域	数据时间段（年.月）	备注
San Martin	−68.1	−67.1	4	南极半岛	1977.4～2002.3 2005.4～2020.3	考察站
Rothera	−67.5	−68.1	32	南极半岛	1976.12～2020.3	考察站
Faraday	−65.4	−64.4	11	南极半岛	1950.4～2020.3	考察站
Marambio	−64.2	−56.7	198	南极半岛	1970.9～2020.3	考察站
O'Higgins	−63.3	−57.9	10	南极半岛	1963.1～2020.3	考察站
Neumayer	−70.7	−8.4	50	毛德皇后地	1981.4～2020.3	考察站
Novolazarevskaya	−70.8	11.8	119	毛德皇后地	1961.2～2020.3	考察站
Syowa	−69.0	39.6	21	毛德皇后地	1957.3～1962.1 1966.2～2021.11	考察站
Davis	−68.6	78.0	13	埃默里冰架	1957.2～1964.10 1969.3～2021.11	考察站
Mawson	−67.6	62.9	16	埃默里冰架	1954.3～2020.3	考察站
Zhongshan	−69.4	76.4	14.9	埃默里冰架	1989.3～2020.3	考察站
Leningradskaya	−69.5	159.4	304	维多利亚地	1971.3～1990.12	考察站
Cape Philips	−73.1	169.6	310	维多利亚地	1991.1～2021.11	AWS
Manuela	−74.9	163.7	80	维多利亚地	1984.3～2021.9	AWS

年，每年都有气温数据的缺损，在 2009 年和 2016 年缺损数据达 9 个月。圣马丁站（San Martin）1977 年 4 月～2002 年 3 月一共有两个月的数据缺失，但 2002 年 4 月～2005 年 3 月，共 36 个月出现了连续的数据缺失，自 2005 年 4 月恢复数据，

到 2020 年 3 月，均连续提供气温数据。

毛德皇后地选用了 3 个站点的月平均气温数据。昭和站（Syowa）在 1958 年 2 月～1959 年 1 月存在数据缺失，1962 年 2 月～1966 年 1 月的四年时间内无观测数据，1966 年 2 月～2021 年 11 月的数据质量高，没有任何缺失。新扎拉列夫站（Novolazarevskaya）和诺伊迈尔站（Neumayer）的数据较佳，在观测时间段内只有一个月的数据缺失，即 Novolazarevskaya 在 2009 年 10 月存在缺失，Neumayer 在 1987 年 1 月存在缺失。

埃默里冰架选用了 3 个站点的月平均气温数据。在观测时间段内，数据质量均较高，莫森站（Mawson）自 1954 年 2 月投入使用到 2020 年 3 月，仅在 2018 年 10 月和 2019 年 7 月出现了数据缺失。戴维斯站（Davis）在 1957 年 2 月投入使用，一直到 1964 年 10 月都有气温数据，1964 年 11 月～1969 年 2 月，没有提供气温数据，自 1969 年 3 月恢复数据到现在，仅在 2016 年 5 月出现了数据缺失。中山站（Zhongshan）从 1989 年 3 月开始提供气温数据到 2020 年 3 月，仅在 2017 年和 2019 年出现数据缺失，总共缺失了 6 个月的数据。

维多利亚地选用了 3 个站点的月平均气温数据。列宁格勒站（Leningradskaya）提供了 1971 年 3 月～1990 年 12 月的气温数据，在观测时间内没有数据缺损。曼努埃拉站（Manuela）在 1984 年仅有 3 月的气温数据，在 1987 年、2004 年、2006 年和 2008 年有较大的数据缺损，2010～2013 年的四年中每一年都有小部分的数据缺损。菲利普斯角站（Cape Philips）1991 年 1 月开始提供气温数据，在 1992 年、1997 年和 2006 年出现了较大的数据缺失，数据缺失率均在一半以上，在部分年份出现了零星的数据缺失。

3. 微波辐射计冻融数据

本章采用微波辐射计冻融产品作为研究数据，该数据自 1979 年以来几乎连续记录，1988 年及以前数据有效时间分辨率为 2 天，1989～2020 年有效时间分辨率为 1 天。本章所描述的研究工作主要使用了 1989～2020 年的 1 天分辨率的南极冰盖表面冻融产品，在该数据集中，0 表示没有融化，1 表示融化，−10 表示没有可用数据或被掩膜。

6.1.2　南极冰盖整体气温变化

图 6.3 为根据英国南极调查局网站上可用的每月台站温度数据（https://legacy.bas.ac.uk/met/READER/surface/stationpt.html）选取多个数据缺失值较少的南极站点（包括 Amundsen Scott, Arturo Prat, Belgrano II, Bellingshausen, Casey, Dumont Durville, Faraday/Vernadsky, Gough, Great Wall, Halley, Macquarie, Marambio,

Marion，Marsh，Mawson，McMurdo，Mirny，Neumayer，Novolazarevskaya，Orcadas，O'Higgins，Rothera，San Martin，Scott Base，Vostok，Zhongshan）计算的南极地区 1979～2016 年的温度时间序列图。由图 6.3 可以看出，1994 年之前南极地区年均温呈现稳定的上升趋势，之后则可以观察到南极地区年际温度变化出现波动情况，且年温差不断递增。

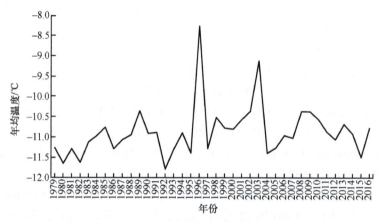

图 6.3　基于气象站记录的 1979～2016 年南极地区年均温度

　　图 6.4 分月份探讨了南极地区温度波动情况，如 1982～1987 年，南极地区 3 月温度经历净升高之后于 1988 年突然下降；同时，1 月南极地区温度变化曲线中，1996 年与 2003 年均出现温度急剧升高的现象，而这些突变现象往往能通过南极地区融化情况加以佐证。

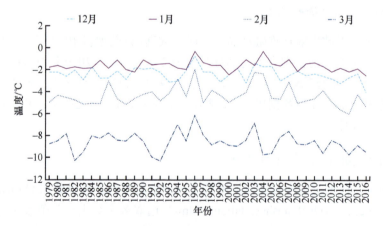

图 6.4　南极地区 12 月、1 月、2 月和 3 月温度时间序列

6.1.3　南极冰盖典型区域气温变化

1. 南极半岛气温变化时空特征

表 6.2 给出了南极半岛 5 个站点观测得到的最高月平均气温和最低月平均气温及其出现的时间。各站点在观测时间段的月平均气温时间序列如图 6.5～图 6.9 所示。

表 6.2　南极半岛 5 个站点最高和最低月平均气温及其出现时间统计表

站名	最高月平均气温/℃	最低月平均气温/℃	最高月平均气温出现时间（年.月）	最低月平均气温出现时间（年.月）
San Martin	3.1	−23.1	1995.1，1997.1	1978.7
Rothera	2.7	−20.5	1990.2	1980.7，1987.7
Faraday	2.4	−20.1	1989.2，1990.2	1959.7
Marambio	2.0	−23.0	1992.2	2007.7
O'Higgins	2.0	−15.4	1963.1	1964.8

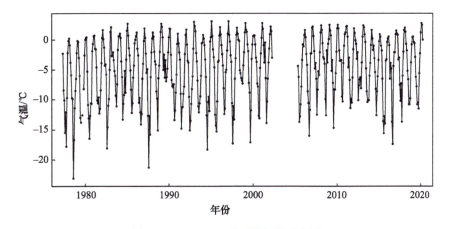

图 6.5　San Martin 月平均气温时序图

根据图 6.5，在 San Martin，极端低温天气只出现在 1990 年之前，在大部分年份，冬季最冷月份的平均气温为−17～−10 ℃，在部分年份，如 1989 年，冬季最低气温仅为−6.9 ℃。每年最高月平均气温随时间变化不大，出现在 12 月或次年 1 月，少部分年份出现在 2 月，仅 2005 年出现在 11 月。除了 2005 年最高月平均气温为−0.8 ℃，有统计记录的年份最高月平均气温都在 0 ℃以上。

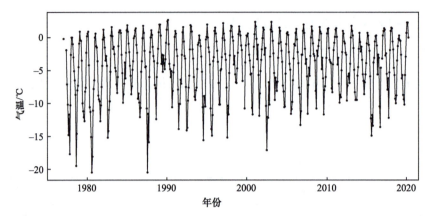

图 6.6   Rothera 月平均气温时序图

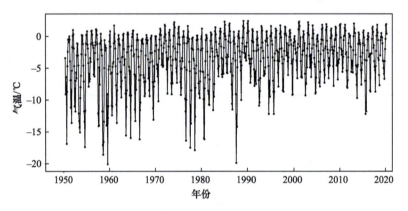

图 6.7   Faraday 月平均气温时序图

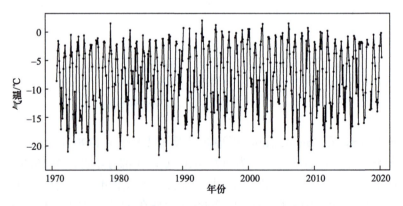

图 6.8   Marambio 月平均气温时序图

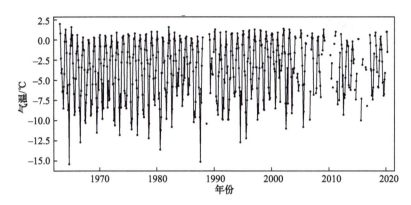

图 6.9　O'Higgins 月平均气温时序图

Rothera 数据见图 6.6，1990 年后未出现过极端低温天气。从整体看，该地区每年冬季最低气温随着年份的增加而呈现增高的趋势，最低月平均气温的最大值与 San Martin 一样都出现在 1989 年，为–5.2 ℃。该地区每年月平均气温最大值一般出现在 1 月或 2 月，仅少部分年份出现在 12 月，每年月平均气温最大值均在 0 ℃以上。

如图 6.7 所示，Faraday 月平均气温出现了与前两个站点一样的情况，即在 1990 年后，不再出现极端的低温天气，且整体每年最低月平均气温随着年份的增加而升高。同样地，该站点每年最低月平均气温的最大值出现在 1989 年，为–3.8 ℃。每年最高气温出现在 12 月、1~3 月，大多数年份的最高月平均气温都在 0 ℃以上，且在 1978 年后，该值均在 0 ℃以上。

从图 6.8 可见，Marambio 并没有像 San Martin、Rothera 和 Faraday 一样在 1990 年前出现极其低温的情况；也并未出现每年最低月平均气温呈现随年份的增加而明显升高的趋势。月平均气温最大值主要出现在每年 12 月或次年 1 月，在部分年份出现在 2 月或 11 月，但在 1976 年，月平均气温最大值出现在 10 月，年月平均气温最大值大多低于 0 ℃。

根据图 6.9，相较于 San Martin、Rothera 和 Marambio，O'Higgins 每年最低月平均气温均高于这 3 个站点，而与 Faraday 相比，每年的最低月平均气温互有高低。O'Higgins 与 San Martin、Faraday、Rothera 一样，在 1990 年后没有出现过极端低温的天气，但不同的是，O'Higgins 并未在 1989 年出现每年最低月平均气温的最大值，1989 年最低月平均气温为–6.6 ℃，低于 2018 年所记录的–5.9 ℃。如果只考虑拥有全部数据的年份（即月平均气温数据为 12 个），该地区每年的最高月平均气温均高于 0 ℃，并且集中在 1 月或 12 月，只在少部分年份出现在 2 月。

2. 毛德皇后地气温变化时空特征

表 6.3 给出了毛德皇后地 3 个站点观测得到的最高月平均气温和最低月平均气温及其出现的时间。各站在观测时间段内的月平均气温时间序列如图 6.10～图 6.12 所示。

表 6.3　毛德皇后地 3 个站点最高和最低月平均气温及其出现时间统计表

站名	最高月平均气温/℃	最低月平均气温/℃	最高月平均气温出现时间（年.月）	最低月平均气温出现时间（年.月）
Neumayer	−2.2	−33.4	1992.1	1989.8
Novolazarevskaya	1.5	−22.8	1991.12	2006.7
Syowa	1.1	−24.1	1977.1	2006.7

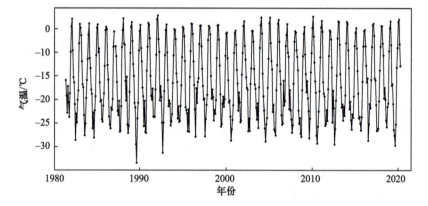

图 6.10　Neumayer 月平均气温时序图

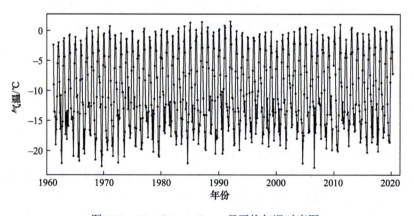

图 6.11　Novolazarevskaya 月平均气温时序图

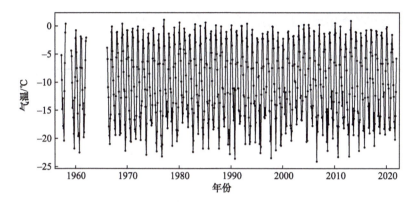

图 6.12　Syowa 月平均气温时序图

从图 6.10 看出，Neumayer 在 1992 年后没有出现过月平均气温低于–30 ℃的记录，每年最低月平均气温并没有明显地随时间快速增大或减小的趋势。整个气温表现出以年为周期的变化。每年最高月平均气温只出现在 12 月或次年 1 月，而每年最低月平均气温则是分散出现在 6～9 月，仅在 1999 年出现在 5 月。

从图 6.11 可以看出，Novolazarevskaya 气温随时间有轻微升高趋势，但整体的变化趋势不明显。每年出现极低气温的频率随着时间而降低，在 2007 年后便没有出现过月平均气温低于–20 ℃的月份。在拥有完整记录的年份，每年最高月平均气温只会出现在 12 月或次年 1 月，而最低月平均气温则是主要分布在 7～9 月，只有在少数年份出现在 5 月和 6 月。

从图 6.12 看出，Syowa 月平均气温没有明显地随着时间而变大或变小的趋势，而是呈现周期性的变化。每年最低月平均气温和最高月平均气温的大小变化没有明显规律，其值出现的频率也没有随着时间的变化而变化。该地区每年的最高月平均气温基本出现在 12 月或次年 1 月，仅在 1986 年出现在 2 月，而最低月平均气温分布在 7～9 月，仅在 1996 年出现在 6 月。

3. 埃默里冰架气温变化时空特征

表 6.4 给出了埃默里冰架 3 个站点观测得到的最高月平均气温和最低月平均气温及其出现的时间。各站点在观测时间段内的月平均气温时间序列如图 6.13～图 6.15 所示。

Davis 月平均气温时序图如图 6.13 所示，可以看出，该站点的气温整体上呈现以年为周期的变化，并没有明显的增温趋势。每年最高月平均气温一般出现在 12 月或次年 1 月，仅在 1986 年出现在 2 月，而每年的最低月平均气温分散出现在 5～9 月。值得注意是，该站点较低的月平均气温均出现在 1985 年之前，另外部分年份会在冬季出现气温波动现象，整体变化趋势如"W"形。

表 6.4　埃默里冰架 3 个站点最高和最低月平均气温及其出现时间统计表

站名	最高月平均气温/℃	最低月平均气温/℃	最高月平均气温出现时间（年.月）	最低月平均气温出现时间（年.月）
Davis	3.1	−25.3	1977.1	1985.7
Mawson	2.5	−24.1	1977.1	1982.8
Zhongshan	2.1	−22.6	2005.12	2008.8

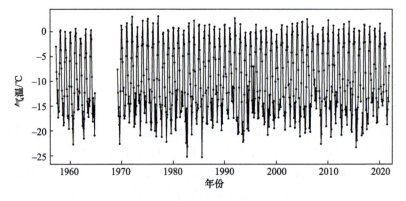

图 6.13　Davis 月平均气温时序图

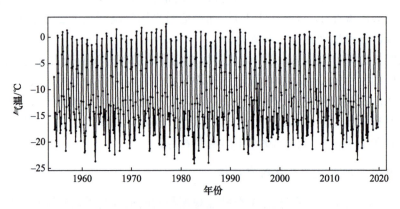

图 6.14　Mawson 月平均气温时序图

如图 6.14 所示，Mawson 的气温整体上类似于 Davis，呈现以年为周期变化，并没有明显的随时间的变化趋势。每年的最高月平均气温一般出现在 1 月，只有少部分年份的最高月平均气温出现在 12 月，而每年的最低月平均气温同 Davis 一样分散在 5~9 月，在部分年份会在冬季出现气温波动现象，整体变化趋势如"W"形。

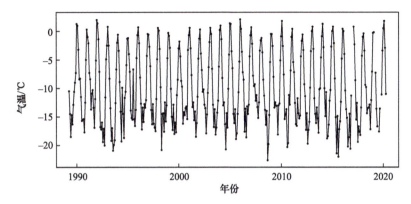

图 6.15　Zhongshan 月平均气温时序图

图 6.15 是中山站的月平均气温时序图，可以看出，该地区气温整体呈现以年为周期的变化，没有明显的随时间变化的趋势。每年的最高月平均气温均出现在 12 月或次年 1 月，每年的最低月平均气温则基本出现在 5～9 月，但是在 1998 年，最低月平均气温出现在 4 月，这与其他年份和其他站点不相同。同样地，该站点与埃默里冰架的另外两个站点相同，部分年份的气温出现了"W"形的变化趋势。

4. 维多利亚地气温变化时空特征

表 6.5 给出了维多利亚地 3 个站点观测得到的最高月平均气温和最低月平均气温及其出现的时间。各站点在观测时间段内的月平均气温时间序列如图 6.16～图 6.18 所示。

如图 6.16 所示，Cape Philips 数据质量较差，频繁出现数据缺失。分析该站点拥有较好观测数据的年份可知，该站点每年最低月平均气温主要出现在 6～8 月，偶尔会出现在 5 月和 9 月，且都在–24 ℃以下，而每年最高月平均气温主要出现在 12 月或次年 1 月，除了少数年份，大部分年份最高月平均气温均低于–5 ℃。整体的气温呈现以年为周期变化，并没有明显的趋势性。

图 6.17 为 Leningradskaya 月平均气温时序图，该站点只记录 1971～1990 年的气温数据，可以看出，20 年的气温数据明显地呈现以年为周期，但并没有明显

表 6.5　维多利亚地 3 个站点最高和最低月平均气温及其出现时间统计表

站名	最高月平均气温/℃	最低月平均气温/℃	最高月平均气温出现时间（年.月）	最低月平均气温出现时间（年.月）
Cape Philips	–4.1	–30.1	2014.1	2004.7
Leningradskaya	–2.6	–25.8	1972.1	1984.7
Manuela	–0.9	–31.7	1987.1	2002.8

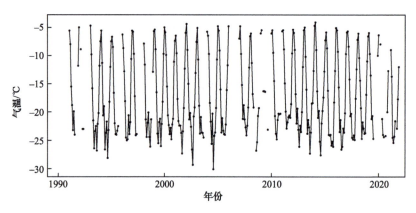

图 6.16　Cape Philips 月平均气温时序图

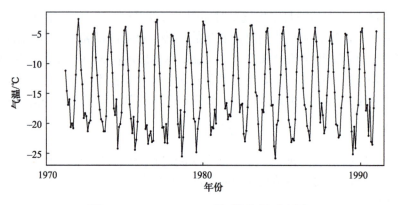

图 6.17　Leningradskaya 月平均气温时序图

的趋势变化。每年的最高月平均气温都出现在 12 月或次年 1 月，而最低平均气温则分布在 6～9 月。值得一提的是，1976 年 10 月的平均气温为–22.9 ℃，而当年的最低月平均气温出现在 6 月（–23.4 ℃），仅相差 0.5 ℃，是 20 年中 10 月出现的最低月平均气温，也是所有 10 月最接近当年最低平均气温的情况。

　　对图 6.18 分析发现，Manuela 的气温数据整体呈现以年为周期变化，在有完整数据的年份，其当年的最高月平均气温均出现在 12 月或次年 1 月，而每年最低月平均气温则较为分散地出现在 5～9 月。整体上看，该地区的气温时间序列并没有明显地随着时间变化的趋势。

5. 南极冰盖典型区域 3 月和 12 月的月平均气温变化趋势

　　在获取各个站点的气温数据后，对它们所记录的每年 3 月和 12 月的平均气温进行年际变化分析，从而来获取南极夏季和冬季的相关变化趋势，变化率如表 6.6 所示。

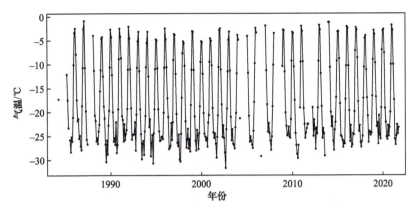

图 6.18　Manuela 月平均气温时序图

表 6.6　14 个站点 3 月和 12 月气温变化率

区域	站名	12 月趋势线斜率	3 月趋势线斜率
南极半岛	San Martin	0.015	0.059
	Rothera	−0.005	0.032
	Faraday	0.008	0.025
	Marambio	0.004	0.053
	O'Higgins	−0.007	0.014
毛德皇后地	Neumayer	0.008	−0.048
	Novolazarevskaya	0.010	0.003
	Syowa	0.001	−0.008
埃默里冰架	Davis	0.002	−0.001
	Mawson	−0.012	−0.008
	Zhongshan	0.000	−0.041
维多利亚地	Cape Philips	0.005	0.097
	Leningradskaya	−0.013	0.056
	Manuela	0.041	0.032

　　从四个区域 14 个站点整体的 12 月和次年 3 月气温变化趋势来看，南极半岛 12 月两个站点（Rothera 和 O'Higgins）呈现微弱变冷的趋势，其余 3 个站点趋势则相反；3 月越来越热，出现了很明显的夏季后移现象。维多利亚地除 Leningradskaya 在 12 月气温呈微弱下降趋势外，其余站点（Cape Philips 和 Manuela）12 月和 3 月气温变化较为一致，均呈现微弱上升的趋势。埃默里冰架和毛德皇后地出现了 12 月越来越热和 3 月越来越冷的现象，整体变化没有南极半岛剧烈，这两个区域并不能从气温上得出夏季后移的现象。

6.2 南极冰盖冻融与气温的相关性分析

6.2.1 皮尔逊相关性分析

对南极冰盖典型区域（包括南极半岛、毛德皇后地、埃默里冰架及维多利亚地）的冻融面积和气温进行时间序列分析，总结南极冰盖冻融时空变化特征，分析区域气温变化规律，并利用皮尔逊相关系数对南极冰盖冻融数据和气温数据进行相关性分析，探讨气温变化与冰盖冻融之间的关联。

根据融化像元数量和像元大小统计融化面积，图 6.19 是南极冰盖融化面积与气温的相关性分析结果，融化面积和气温均为月均数据，结果表明，所选南极 4 个典型区域融化面积与气温之间的相关性整体为 0.65～0.77，南极整体区域融化面积与气温间的相关性为 0.5948，说明两者之间存在较强的相关性。

6.2.2 DTW 相关性分析

除了应用最为广泛的皮尔逊相关性分析方法之外，以 DTW 方法（Rakthanmanon et al.，2013）为代表的其他相关分析方法近年来也受到学者们的广泛关注。利用

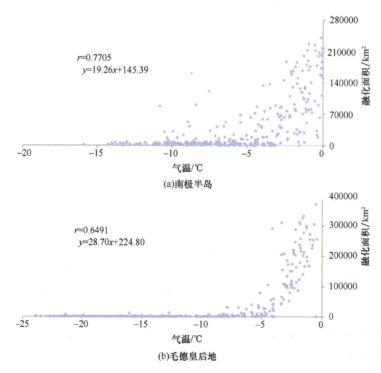

(a)南极半岛

(b)毛德皇后地

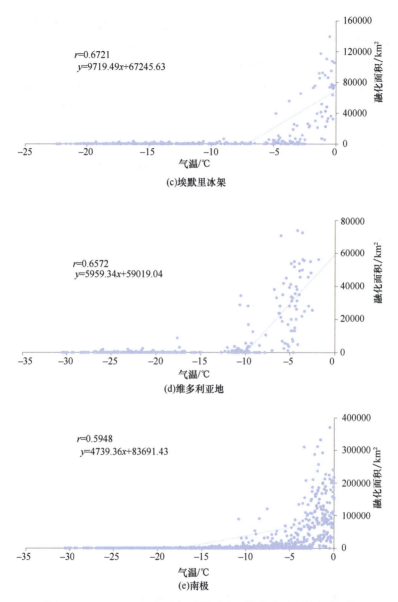

图 6.19　1989～2020 年南极冰盖融化面积与气温的相关关系

本书作者团队开发的 DTW 关联相似性系数（dynamic time warping similarity correlation coefficient，DTW-SCC）计算方法（Liu et al.，2023），本书分析了南极冰盖的不同区域在夏季的融化月份（1～3 月、10～12 月）以及全年的融化面积与平均温度时间序列之间的关联及其平均值，并证明其在南极温度和冻融数据的关联关系研究上克服了传统皮尔逊相关系数在复杂、非线性相关的周期性时间序列相关性分析方面的一些不足，具有较好的鲁棒性（Ding et al.，2008；Lobbes and Nelemans. 2013；Linke et al.，2020）。温度时间序列来自英国南极调查局 READER（REference Antarctic Data for Environmental Research）数据集，冻融数据来自 Ghislain Picard 的网站（Picard and Fily，2006；Picard et al.，2007）。

首先选择了与传统皮尔逊（Pearson）相关系数相同的 4 个区域进行分析。图 6.20 反映了南极 4 个区域融化面积和温度的 DTW-SCC，由图 6.20 中可以得出，4 个区域的 DTW-SCC 的绝对值均较高。同时，DTW-SCC 的分析表明，1 月、2 月、12 月的温度时间序列通常与这几个月的融化面积有较高的相关性，DTW-SCC 显示这 3 个月的温度时间序列与其他月份不同。

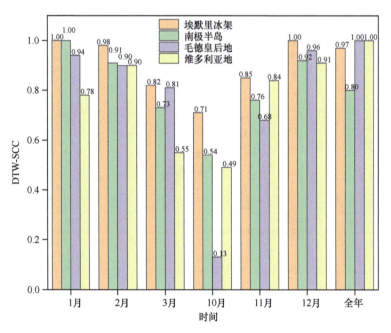

图 6.20　南极 4 个区域融化面积和温度的 DTW-SCC 图

此外，对于全南极来说，共选择了有数据的 116 个站点数据以及融化面积，在主要的融化月份 12 月和 1 月，温度与融化面积之间的 DTW-SCC 值分别达到 0.98 和 1，显示了强相关性。而冬季月份的 DTW-SCC 值较小。Pearson 相关系数（PCC）则在不同月份的相关值均较低，且最高的相关值出现在非融化季节的 4 月，这可以表明 DTW-SCC 的优势。具体的统计图见图 6.20。

本书还根据南极的不同流域进行分区域的温度和冻融因子 DTW 相关性分析，

并与传统的 Pearson 相关系数方法进行了对比。其分区主要参考了 DiMarzio 等
（2007）、Zwally 等（2017，2002）根据流域等信息对于南极进行的划分，温度
主要利用上文提到的英国南极调查局 READER（REference Antarctic Data for
Environmental Research）的温度时间序列数据集。具体的分区、标号及测站等情
况见图 6.21。

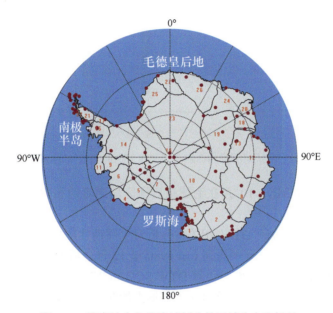

图 6.21　温度站点和按流域划分的区域分布和标号

　　对不同区域之间的温度和冻融因子之间的相关关系的分析，与上文的 4 个典
型区域的分析类似，对夏季的融化月份（1～3 月、10～12 月）的融化面积与平均
温度时间序列之间进行 DTW 相关性分析，并与 Pearson 分析的结果进行对比，需
要注意的是，少于 20 个的时间序列被舍弃，以避免过短的时间序列中单个奇异值
造成的巨大干扰，结果如图 6.22 所示。

　　从图 6.22 中我们可以得出以下结论：

　　（1）在计算相关系数时，DTW-SCC 的结果通常高于 PCC，它可以更好地代
表温度和融化因素之间的高度相关性。

　　（2）对于相同的相关系数，不同月份之间的差异不显著。总体而言，两者在
南极半岛地区的相关值均较高。罗斯冰架和维多利亚地的 DTW-SCC 较高，PCC
相关性较弱。除 10 月外，毛德皇后地的 DTW-SCC 较高，而 PCC 的相关性

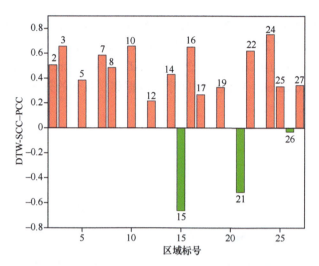

图 6.22   南极不同区域温度和冻融之间的相关值的差值（DTW-SCC–PCC）

较弱。与其他月份相比，10 月在毛德皇后地区域两者的相关值均呈现较为显著的下降。

除此之外，为了验证 DTW 相关性分析对于周期性数据的效果，将温度和融化面积的时间序列按年月顺序排列（如 1980 年 12 月之后为 1981 年 1 月，按此类推）形成一个长时间序列，然后计算 DTW-SCC 和 PCC，结果如图 6.23 和图 6.24 所示。同样需要注意的是，少于 200 个数据点的时间序列被舍弃，以减少部分奇异值对结果的影响。

结果显示与图 6.20 相似的结论。除 15 区（属于南极半岛地区）、21 区（属于南极半岛地区）和 26 区（属于毛德皇后地区）外，所有地区的 DTW-SCC 高于 PCC，这意味着 DTW-SCC 可以更好地区分温度和冻融因素之间的相关性。

图 6.23 为区域 15 和 21 的温度和融化数据的归一化值（区域 26 DTW-SCC 和 PCC 之间的差异很小，代表性不强）。可以发现，在选择的时间段前后都有严重的数据丢失，中间也有温度数据的中断，属于异常的数据。这表明 DTW-SCC 具有可以发现数据异常的优势。

为进一步说明 DTW 相关性分析方法对于周期性数据的相关性分析相较于传统方法具有优势，绘制 DTW-SCC 相较于 PCC 数值高出最多的区域 22 和 24 的周期性时间序列图，如图 6.24 所示。

从图 6.24 中发现这两个区域也表现出较高的温度和时间相关性，并且仅在 2005～2010 年存在少量缺失数据。DTW-SCC 可以处理这种情况并且仍然表现出较高的相关性，而 PCC 并不可以。这代表 DTW-SCC 具有一定的鲁棒性，可以处

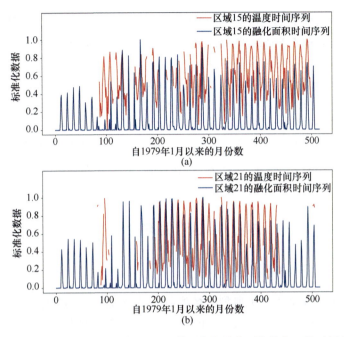

图 6.23　区域 15（a）和区域 21（b）的温度和融化面积的归一化时间序列

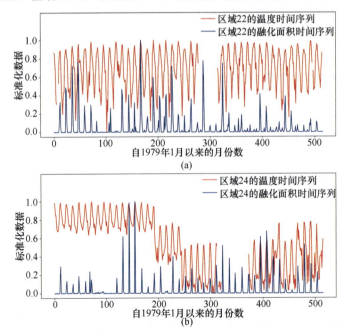

图 6.24　区域 22（a）和区域 24（b）的温度和融化面积的归一化时间序列

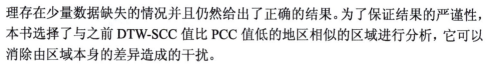

理存在少量数据缺失的情况并且仍然给出了正确的结果。为了保证结果的严谨性，本书选择了与之前 DTW-SCC 值比 PCC 值低的地区相似的区域进行分析，它可以消除由区域本身的差异造成的干扰。

根据上面分析结果可以看出，基于 DTW 算法的相关性分析方法比 PCC 更能有效区分时间序列信息的变化细节，对南极冰盖不同特征的异常变化更为敏感，因此是一种较为可行的时空数据相关性分析方法，可替代 PCC 用于研究具有一定周期性的非线性、复杂时间序列数据，尤其是与地球相关的数据。此外，目前尚存在温度站数相对较少、时间序列数据时间分辨率低等不足，这是未来工作的重要改进方向。

6.3 南极冰盖冻融与气温的相互作用机制分析

6.3.1 格兰杰因果检验结果分析

为了反映南极及其 4 个典型区域冰盖冻融与气温之间的关系，分别对其进行格兰杰因果关系检验。本章所使用的南极冰盖冻融和气温数据均为月平均数据，考虑到冰盖表面的融化对气温较为敏感，因此选择最大滞后阶数为 1。冻融数据转化为月均融化面积（单位为 km^2），气温数据为月均气温（单位为 ℃）。对于每个区域提出两个假设：假设 1 冻融不是气温的格兰杰原因、假设 2 气温不是冻融的格兰杰原因。对于假设 1，若 P 值大于 0.05，接受原假设，即冻融不是气温的格兰杰原因；若 P 值小于 0.05，拒绝原假设，即冻融是气温的格兰杰原因。假设 2 同理。

各个区域及整个南极的冰盖冻融–气温格兰杰因果关系如表 6.7 所示，检验结果表明，对于南极半岛，冻融是气温的格兰杰原因；在埃默里冰架和毛德皇后地两个区域，气温是引起冻融的原因；对于维多利亚地区域，冻融是气温的格兰杰原因，气温也是冻融的格兰杰原因。从南极整体来看，冻融与气温同样互为格兰杰原因，说明两者存在相互影响的关系。

埃默里冰架外延长度只占整个南极海岸线的 1.7%，但冰流量却占东南极的 14%。该区域夏季近地表温度受下降风影响，比冰上温度高出约 3℃，从而导致融化加剧。冰盖融化导致反照率降低，太阳能吸收增加会加速融化，因此融化面积受到了非气温变化因素的影响。有研究指出，在毛德皇后地尤其是西部正在经历快速的气候变化，虽然年平均气温比工业化前高 0.9～1.0 ℃，但降雪量增加了 25%，"降雪异常"可能是毛德皇后地冻融对气温变化的响应与其他区域产生差异的原因。

表 6.7　格兰杰因果关系检验结果

区域	变量	不是格兰杰原因	统计量	P 值	结论
南极半岛	气温	冻融	3.0691	0.0806	接受
	冻融	气温	35.9604	0.0000	拒绝
毛德皇后地	气温	冻融	52.8405	0.0000	拒绝
	冻融	气温	0.3433	0.5583	接受
埃默里冰架	气温	冻融	66.5267	0.0000	拒绝
	冻融	气温	0.9779	0.3234	接受
维多利亚地	气温	冻融	96.7240	0.0000	拒绝
	冻融	气温	4.6102	0.0325	拒绝
南极	气温	冻融	85.1714	0.0000	拒绝
	冻融	气温	4.5563	0.0330	拒绝

从南极整体的格兰杰因果关系检验结果可以说明，南极冰盖冻融的变化具有气温效应，气温的升高伴随着冰盖表面的融化，地表结冰伴随着温度下降，两者相互影响。当气温上升时会导致冰盖融化，融化后的冰盖反照率降低，导致冰盖吸收更多的辐射，从而又进一步促进冰盖的融化；当冰盖结冰时，反照率大为增加，致使对太阳辐射的吸收减小，导致温度下降。这是形成冻融与温度之间的正反馈机制。此外，两者之间的双向作用还受海冰密集度、热量通量及大气环流异常等多方面因素的影响。

6.3.2　不同区域冻融–气温–时间聚类结果分析

首先，确定聚类数量。通过 K-Means++ 算法分析冰盖冻融、温度时序数据，设定聚类数目 k 为 1～8，不同等级数量 k 与 SSE 的关系如图 6.25 所示。当等级数 $k=2$ 时，SSE 大幅度减小，但 SSE 在 $k=3$ 时仍在减小的速率变得缓慢。因此，最佳聚类数选取 $k=3$。

其次，开展月度冻融–气温–时间聚类结果分析。在月际尺度上，冻融–气温–时间聚类结果如图 6.26 所示，4 个区域都呈现类似的变化趋势，3 种聚类可视为夏季月、冬季月及过渡月，不同区域类内平均融化面积和平均气温如表 6.8 所示。4～10 月为冬季月，融化面积整体较小，且处于平稳状态，主要原因是冬季气温偏低，冰盖状态稳定；在 3 月和 11 月这两个夏季转冬季和冬季转夏季的过渡月，气温上升导致冰盖开始融化，融化面积增大；12 月至次年 2 月为夏季月，融化面积随着气温的升高一直递增。

— 151 —

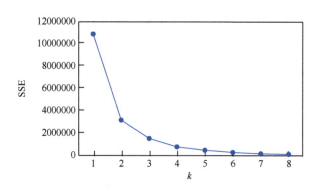

图 6.25　等级数量 k 与 SSE 的关系

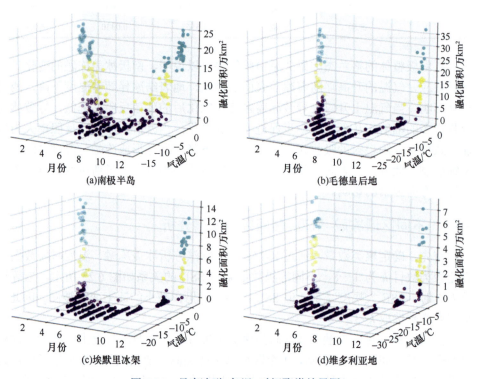

图 6.26　月度冻融–气温–时间聚类结果图

随后，开展年度冻融–气温–时间聚类结果分析。在年际尺度上，冻融–气温–时间聚类结果如图 6.27 所示，尽管年均气温与年均融化面积变化比较平稳，但埃默里冰架、毛德皇后地及维多利亚地 3 个区域均呈现出明显的年平均气温更高的年份年均融化面积更大的现象。

表 6.8   不同区域月度平均融化面积和平均气温

区域	月份	平均融化面积/km²	平均气温/℃
南极半岛	夏季月	193089	0.11
	过渡月	92066	−2.43
	冬季月	8744	−7.15
毛德皇后地	夏季月	258271	−1.75
	过渡月	126167	−2.64
	冬季月	3054	−14.11
埃默里冰架	夏季月	96177	0.15
	过渡月	37994	−1.50
	冬季月	742	−12.64
维多利亚地	夏季月	53843	−3.97
	过渡月	28104	−5.60
	冬季月	612	−19.70

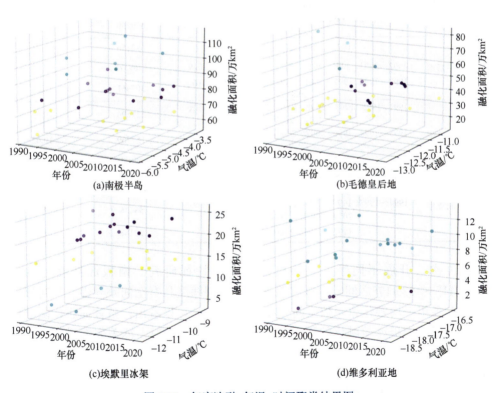

图 6.27   年度冻融–气温–时间聚类结果图

各区域年均融化面积和平均气温如表 6.9 所示，其中，埃默里冰架在 1992 年、1999~2000 年、2006 年平均气温降至–10.76℃，年均融化面积同样明显下降至 67031 km²；毛德皇后地在 1992~1995 年、1997~2001 年、2006~2009 年、2015~2016 年、2020 年平均气温降至–12.24℃，年均融化面积同样明显下降至 307461 km²；维多利亚地在 1992 年、1996 年、2000 年、2017 年平均气温降至–17.76℃，年均融化面积同样明显下降至 22188 km²。在南极半岛，在平均气温达到最高的年份并未出现融化面积最大的现象，但在平均气温最低的年份，同样呈现融化面积降至最小的结果。因此，在年时间尺度上，南极 4 个典型区域整体呈现融化面积与气温的一致变化。

表 6.9　不同区域年均融化面积和平均气温

区域	年份	平均融化面积/km²	平均气温/℃
南极半岛	1993、1997~1998、2004、2006、2015~2016	1033393	–4.47
	1994、1996、1999~2003、2005、2010、2013、2017、2019、2020	815385	–4.40
	1991~1992、1995、2007~2009、2011~2012、2014、2018	670250	–4.84
毛德皇后地	1991、1996、2004、2011	690156	–11.81
	2002~2003、2005、2010、2012~2014、2017~2019	4769378	–12.08
	1992~1995、1997~2001、2006~2009、2015~2016、2020	307461	–12.24
埃默里冰架	1991、1995、1997~1998、2001~2005、2010~2012、2014、2019	221696	–10.23
	1993~1994、1996、2007~2009、2013、2015~2018、2020	157760	–10.42
	1992、1999~2000、2006	67031	–10.76
维多利亚地	1991、1993、1998、2002~2005、2007、2010~2013、2015、2020	98571	–17.62
	1994~1995、1997、1999、2001、2006、2008~2009、2014、2016、2018、2019	53438	–17.66
	1992、1996、2000、2017	22188	–17.76

再次，开展不同经度、纬度冻融分异特征研究。南极洲纬度范围在–77.711°~–63.117°之间，南极冰盖冻融在不同纬度具有空间差异性。从南极不同纬度多年平均融化像元数空间分布（图 6.28）可以看出，整体而言，随着纬度的降低，南极冰盖融化的程度在增加。当温度上升时，冰盖表面融化，融化后的冰盖表面反照率降低，导致冰盖吸收更多的辐射，从而又进一步促进冰盖的融化。

从南极不同经度多年平均融化像元数空间分布（图 6.29）可以看出，经度在–70°~–50°，平均融化像元数最大，经度在–10°~170°平均融化像元数呈较平稳趋

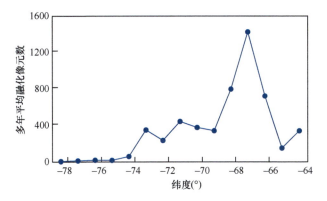

图 6.28　1989～2020 年不同纬度平均融化像元数分布

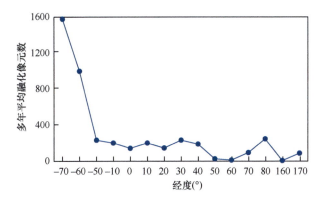

图 6.29　1989～2020 年不同经度平均融化像元数分布

势。而南极洲分布在经度 −10°～170°的区域，纬度范围大多在纬度−73°～−69°，该范围纬度跨度不大，气温变化不明显，可能是该经度范围内融化趋势较为平稳的原因。

最后，开展冻融季节性分布特征研究。南极气候特殊，只有冬季（3～11 月）和夏季（12 月至次年 2 月）两个季节。图 6.30 展示了 4 个典型区域及南极不同月份的多年平均融化像元数，可明显观察到 10 月由冬季进入夏季，融化面积开始迅速增大；3 月由夏季进入冬季，融化面积逐渐减小。这与温度的变化趋势相同（图 6.31），3 月开始进入冬季，平均气温降至−10℃以下，冰盖表面不再融化且保持稳定；10 月开始进入夏季，气温逐渐升高，融化面积开始迅速增大。由此说明，南极冰盖融化具有明显的季节性特征，且在一定程度上表明南极冰盖冻融与气温两者密切相关。

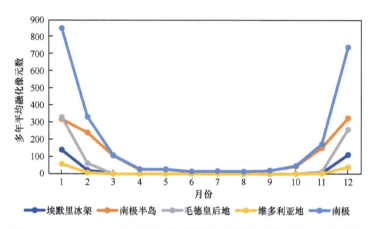

图 6.30　1989～2020 年南极和典型区域不同月份平均融化像元数分布

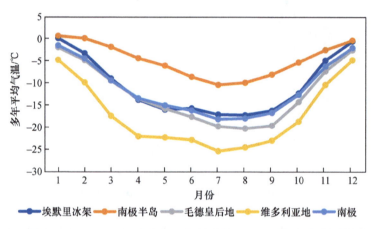

图 6.31　1989～2020 年南极和典型区域不同月份平均气温分布

6.4　小　　结

本章基于南极实地气温数据和微波辐射计冻融数据，研究南极 4 个典型区域（南极半岛、毛德皇后地、埃默里冰架及维多利亚地）冻融与气温的时空变化特征和关联性关系。应用皮尔逊和 DTW 相关系数方法，通过对南极冰盖冻融状态与气温的相关性分析发现，南极冰盖的融化面积与气温呈现强相关性。利用格兰杰因果关系检验，表明南极冰盖冻融与气温之间呈现高度相关性，且二者互相影响。进一步地，在不同时间尺度对冻融-气温的时序数据进行聚类，结果表明，在月际尺度下，南极区域都表现出在冬季月融化状态平稳，过渡月开始融化至夏季月融化面积达到最大，与温度的变化趋势一致；在年际尺度下，随着平均气温的升高，年均融化面积会随之增大，整体呈现融化面积与气温相同的变化趋势。两个时间尺度下融化面积与气温的变化一致，进一步说明冻融与气温的强相关性。

参 考 文 献

DiMarzio J, Brenner A, Schutz R, et al. 2007. GLAS/ICESat 500 m Laser Altimetry Digital Elevation Model of Antarctica. Boulder, Colorado, USA: National Snow and Ice Data Center.

Ding H, Trajcevski G, Scheuermann P, et al. 2008. Querying and mining of time series data: Experimental comparison of representations and distance measures. Proceedings of the VLDB Endowment, 1(2): 1542-1552.

Liang D, Guo H, Zhang L, et al. 2021. Analyzing Antarctic ice sheet snowmelt with dynamic Big Earth Data. International Journal of Digital Earth, 14(1): 88-105.

Linke A C, Mash L E, Fong C H, et al. 2020. Dynamic time warping outperforms Pearson correlation in detecting atypical functional connectivity in autism spectrum disorders. NeuroImage, 223: 117383.

Liu Y, Guo H, Zhang L, et al. 2023. Research on correlation analysis method of time series features based on dynamic time warping algorithm. IEEE Geoscience and Remote Sensing Letters, 20: 1-5.

Lobbes M B I, Nelemans P J. 2013. Good correlation does not automatically imply good agreement: The trouble with comparing tumour size by breast MRI versus histopathology. European Journal of Radiology, 82(12): e906-e907.

Picard G, Fily M, Gallée H. 2007. Surface melting derived from microwave radiometers: A climatic indicator in Antarctica. Annals of Glaciology, 46: 29-34.

Picard G, Fily M. 2006. Surface melting observations in Antarctica by microwave radiometers: Correcting 26-year time series from changes in acquisition hours. Remote Sensing of Environment, 104(3): 325-336.

Rakthanmanon T, Campana B, Mueen A, et al. 2013. Addressing big data time series: Mining trillions of time series subsequences under dynamic time warping. ACM Transactions on Knowledge Discovery from Data, 7(3): 1-31.

Rignot E, Mouginot J, Scheuchl B, et al. 2019. Four decades of Antarctic Ice Sheet mass balance from 1979-2017. Proceedings of the National Academy of Sciences, 116(4): 1095-1103.

Tedesco M. 2009. Assessment and development of snowmelt retrieval algorithms over Antarctica from K-Band spaceborne brightness temperature(1979-2008). Remote Sensing of Environment, 113: 979-997.

Turner J, Marshall G J, Clem K, et al. 2020. Antarctic temperature variability and change from station data. International Journal of Climatology, 40(6): 2986-3007.

Wille J D, Favier V, Dufour A, et al. 2019. West Antarctic surface melt triggered by atmospheric rivers. Nature Geoscience, 12(11): 911-916.

Zwally H J, Beckley M A, Brenner A C, et al. 2017. Motion of major ice-shelf fronts in Antarctica from slant-range analysis of radar altimeter data, 1978-1998. Annals of Glaciology, 34: 255-262.

Zwally H J, Schutz B, Abdalati W, et al. 2002. ICESat's laser measurements of polar ice, atmosphere, ocean, and land. Journal of Geodynamics, 34(3-4): 405-445.

第 7 章

冻融与藻类时空关联关系分析

本章导读 藻类是极地雪冰生境的重要初级生产者，雪藻的大量繁殖会降低冰川表面反光率，同时微生物呼吸会增加冰川表面温度，进一步加速冰川消融，冰盖融水又为雪藻的生长提供养分，加剧藻类的生长。

藻类较为广泛地分布在南极冰盖，其分布和繁殖情况是全球气候变化的重要反馈。利用遥感提取并研究南极冰盖雪藻分布及其与冻融、温度之间的关联关系，对于深入认识南极环境变化与多圈层的相互作用至关重要。

7.1 南极植被与微生物概况

南极的植被与微生物资源在南极自然环境下的物质循环、生态变化和地球化学过程中十分活跃。植被是南极夏季的产物，利用植被生物量估计可以推断南极季节性碳吸收速率，同时积雪内的微生物呼吸释放二氧化碳，形成碳交换过程。

南极洲与世界其他大陆隔离，气候严寒、干燥、风大、日照少、营养缺乏和生长季节短等因素严重限制了南极洲陆地植物的生长。南极洲植物稀少，没有树木，没有花卉，仅有苔藓、藻类、地衣和几种显花植被如南极发草。地衣由于具有适应南极洲沙漠般的干燥和极度寒冷的环境的能力，是分布最广、种类最多的南极植物。除了植物，南极地区广泛分布着微生物资源，丰富的嗜冷和耐冷型微生物和大量中温微生物也在南极大陆及其周围被陆续发掘。

7.1.1 极地藻类与微生物的种类与生长环境

冰川及雪冰表面的主要生境类型包括冰、雪和冰尘（图 7.1）。由于环境恶劣，生存于这些生境的微生物需要面临低温、强辐射等环境压力，因此冰川及雪冰系统较为简单（Yao et al.，2006）。有大量研究表明冰川是重要碳汇（Anesio et al.，2017），细菌、古菌、真菌和藻类驱动了其生物地球化学循环过程。南北极的冰川微生物数量约为 10^{29} 个细胞，基于序列相似度的研究表明，冰川及雪冰微生物与源于周围的水体、空气颗粒物、土壤颗粒、被感染植物和腐烂有机物相关微生物具有较高相似度。这说明冰川雪冰微生物可能来源于周边环境。冰川生态系统的众多微生物中，蓝细菌和藻类中的雪衣藻是主要生产者，它们通过光合作用为生态系统中的异养生物如细菌、真菌及昆虫、雪冰软体动物等捕食者提供碳源和能量（向述荣等，2006），维持生态系统运行。

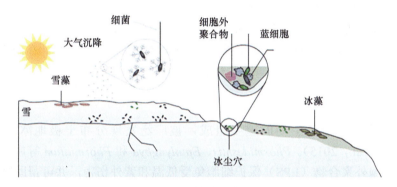

图 7.1　冰川表层典型生态系统示意图（Boetius et al.，2015）

1. 极地冰川藻类

藻类是极地雪冰生境重要的初级生产者，南北极地区及喜马拉雅山地区的雪藻的研究已经深入开展（Antony et al.，2014）。研究表明，西伯利亚冰川的主要藻类为 *Ancylonema nordenskioldii* 及 *Chloromonas* sp.，其生物量与冰川表面消融程度呈正相关（Tanaka et al.，2016）。*Chlamydomonas*、*Chloromonas*、*Microglena* 和 *Raphidonema* 等属的冰川藻类的大量繁殖会降低冰川表面反光率，已有研究表明，雪藻暴发的高峰期，雪藻使反照率平均降低了（0.04±0.01）（Hoham and Remias，2020），同时微生物呼吸会增加冰川表面温度，进一步加速冰川消融。同时，现有研究表明，冰川地形（如坡度）可能通过影响冰川消融对藻类的分布格局造成影响。

Lutz 等（2016）发现，北极冰川藻类的主要类群一致，南极半岛的研究也得出了类似结论（Ji et al.，2022），因此，南北极冰川藻类的分布可能不具有空间差异，可随海洋进行扩散。与南北极一致，青藏高原藻类以雪藻为主，包括 *Cylindrocystis brebissonii*、*Mesotaenium berggrenii*、*Trochiscia* sp.、*Chiamydomonas* sp. 和 *Pseudochlorella* sp. 等。在喜马拉雅山中段的南坡亚拉冰川的雪衣藻群落呈现出 3 个分布区域：在稳定的冰环境区域（5100～5200m），有 7 个种，以雪藻 *Cylindrocystis brbissonii* 为主；在冰雪环境过渡区（5200～5300m），有 11 个种，以雪藻 *Mesota eniumberggrenii* 为主；而在稳定的雪环境顶部区域（5300～5430m），只有 4 个种，以雪藻 *Trochiscia* sp.为主。该结果与喜马拉雅山 AX010 冰川的雪衣藻类群分布趋势一致（Yoshimura et al.，1997）。此外，随着海拔的增加，喜马拉雅山中段的南坡亚拉冰川的雪衣藻类群和生物总量迅速减少（Zhang et al.，2006）。该结果与喜马拉雅山 AX010 冰川（Zhang et al.，2006）和北坡达索普陆地性冰川生物总量的规律一致。

雪衣藻的生长主要受光密度和融水以及生物聚集体等生态因素的影响（Yoshimura et al.，1997；Zhang et al.，2006）。海拔高的区域较厚沉积雪的反光作用导致光密度较低，这对雪藻生长不利。而在低处的消融区，冰上的降雪覆盖少，雪藻接收光照的时间长，同时温度较高，有利于雪衣藻的繁殖。例如，在南极洲企鹅栖息地附近的雪面上，由于融雪中含有丰富的氮、磷营养盐，藻类的生长更加繁茂。

2. 极地雪冰细菌

蓝细菌是冰川微生物的重要组成，被广泛发现分布于极地冰川冰尘中（Chrismas et al.，2015）。*Phormidesmis*、*Eptolyngbya* 和 *Phormidium* 等属的蓝细菌可以释放胞外聚合物（EPS）保护细胞免受低温和紫外伤害，并可帮助微生物获取稀缺的铁离子，与冰尘穴的形成也有密切关系（Gokul et al.，2016）。这些蓝细菌是极地冰川冰尘穴养分的重要来源，有研究表明，冰尘中 75%～95%的有机碳由蓝细菌通过光合作用获得（Gokul et al.，2016）。蓝细菌产生的 EPS 可被异养微生物分解，支撑冰尘生态系统（Stuart et al.，2016）。尽管蓝细菌对维持生态系统有重要作用，南北极冰川冰尘穴的蓝细菌相对丰度约为 2.5%，远低于青藏高原中部和北部冰川（35%以上），而与东南部冰川的相对丰度类似（Liu et al.，2017）。由于东南部冰川与中北部冰川分别受季风和西风影响，青藏高原不同区域的蓝细菌相对丰度是否反映了微生物来源差异尚需进一步研究。

冰川中的异养细菌以变形菌、拟杆菌、放线菌和绿弯菌为主（Zhang et al.，2012；Xing et al.，2016；Yan et al.，2017）。α 变形菌和 β 变形菌是主要的变形菌类群，冰川流域地理、水文条件、坡度及鸟类活动均可能对其空间分布格局造成影响。此外，祁连山七一冰川雪融水中还发现了 γ 变形菌，说明变形菌的分布格局可能在极地具有差异。在众多变形菌中，*Polaromonas* 是最重要的类群之一，它们在极地冰川生境广泛存在，是适应了极地冰川的重要类群（Franzetti et al.，2013；Gawor et al.，2016）。比较基因组学研究表明，不同 *Polaromonas* 具有极大的碳循环功能差异，说明其可能通过分化适应了不同环境（Gawor et al.，2016）。

Pantoea、*Providencia*、*Terrabacter* 及 *Aerococcus* 4 个属和 *Oxalobacteraceae* 细菌是祁连山七一冰川的特有种类,在其他低温环境中尚未发现(谢君等,2009)。各拉丹东峰果曲冰川表面细菌的丰富度较高,细菌有 7 个门类 15 个属和 2 个未定属,以 α 变形菌、放线菌和噬纤维菌–屈挠杆菌–拟杆菌群(CFB)为优势菌,其季节动态变化受到不同季节大气环流的影响(刘晓波等,2009)。北极斯瓦尔巴群岛的冰尘微生物可能存在一个包括 16 种细菌的核心群落,但这一核心群落是否在其他两极冰川存在还有待进一步研究。

3. 极地雪冰真菌

与藻类和细菌相比,极地雪冰真菌的研究较少。目前在喜马拉雅山希夏邦马峰达索普冰川中的研究发现,酵母为冰川真菌的主要类群,其主要属于 *Schizoblastosporion* 和 *Pitysocporum*(Xie et al.,1999)。极地环境真菌研究以雪霉菌(snow mould)为主。这些真菌通常以苔藓和植物病原体形式存在,主要包括 *Typhula ishikariensis*(speckled snow mould)、*T. incarnata*(grey snow mold)、*Sclerotinia borealis*(snow scald)。这些嗜冷微生物能够适应极地低温,而在夏季休眠。其中,*Sclerotinia borealis* 为嗜冷菌,其最低生长温度为−5℃、最佳生长温度为 5℃、最高生长温度为 20℃。但极地 *Pythium* 属的雪霉菌为耐冷菌,能够在 0～10 ℃生长,但最佳生长温度为 20～25 ℃(Tojo and Newsham,2012)。有报道认为,这些雪霉菌无法在冰川表面繁殖,但可在雪下侵染植物。耐冷酵母也在北极和南极被发现(Edwards et al.,2013;Lutz et al.,2017),壶菌门真菌也广泛存在于南北极雪中,作为复杂有机物分解者参与冰川生境的碳循环过程。壶菌门可与雪藻形成共生关系,作为生物调控机制影响冰藻的分布格局(Vimercati et al.,2019)。

7.1.2　南极雪藻的气候变化响应

在南极洲有限的陆地生态系统中,所有的光合生物都会对其栖息地的生态作出重大贡献。由于南极的无冰地面仅占南极洲大陆面积的 0.18%左右,即使在南极洲植被最多的地区南极半岛,也只有 1.34%的裸露地面有植被。然而,光合生命并不局限于裸露的地面,沿海雪地经常出现藻华,导致雪面上呈现出绿色和红色斑块。藻类广泛地分布于南极冰盖,其中主要生长在冰盖表面覆雪的雪藻是南极藻类中较为重要的南极气候变化表征,南极雪藻的研究对于深入认识多圈层相互作用具有重要意义。

2020 年 2 月,南极半岛地区异常温暖,出现了南极西部有记录以来最强烈的热浪之一。卫星遥感图像显示南极半岛地区雪藻大暴发,雪面普遍出现绿色或红色的雪藻群落。这种由雪藻引起的"南极绿化"和褐变趋势是世界上对全球气候变化最重要的大规模生态反应之一，其根本原因和未来动态比以前认为的更加复杂、多变。

作为导致南极冰盖变暗的黑碳的主要成分之一，雪藻是增强冰盖表面融化的重要驱动力。在融化季节初期（12 月/1 月），主要在季节性和常年雪层之间的雪泥带中观察到雪藻。到 2 月，上层的季节性积雪已经大面积融化，雪藻暴露在下层的旧雪表面上，形成一层薄薄的（约 9mm）雪藻层。在没有雪藻生长的干净雪面上，白色的雪冰对阳光的反射能力更强，而含有雪藻的雪面反照率显著降低，这种反照率的降低与藻类细胞直接吸收光的增加以及含藻类的雪中液态水含量更高有关。雪藻的光吸收特性使雪冰表面变暗，改变雪冰表面的辐射能力，影响冰冻圈能量平衡，进一步导致冰冻圈（如冰川、积雪和海冰）融化的加速。

雪藻也是南极重要的碳汇，是某些区域中最重要的光合初级生产者之一，并影响下游陆地和海洋生态系统的养分供应。绿藻利用空气中的二氧化碳进行光合作用，起到固碳作用。Gray 等（2020）的研究（图 7.2）指出，南极半岛绿雪藻

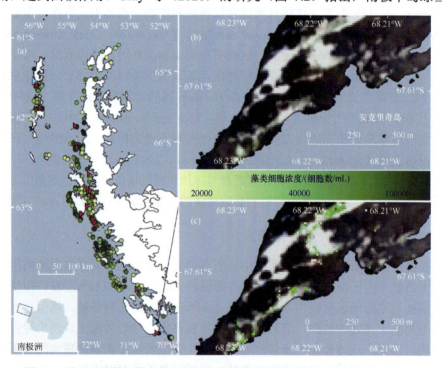

图 7.2 基于卫星数据的南极半岛绿藻藻华严重程度评估（Gray et al.，2020）

(a) 使用卫星影像和地面数据得到的整个南极半岛上绿色雪藻藻华的位置（图中的圆圈；n＝1679）。圆圈的颜色代表每个藻华的平均细胞浓度（细胞数/mL）。红色三角形表示地面验证点的位置（n＝27）。蓝色三角形显示了实验所使用的阿德莱德岛和乔治王岛实地站点的位置。(b) 其中一个验证点安克里奇岛的绿色雪藻藻华 Sentinel-2A RGB 图像（2020 年 2 月）。(c) 利用 Sentinel-2A 波段 4 的积分[I_{B4}，见下文式（7.1）]计算得到的细胞浓度值[式（7.2）]，不同的颜色代表每个被识别为含有绿色雪藻的像素计算得到的细胞浓度

的年总干生物量为 $1.3 \times 10^3 \mathrm{t}$，相当于一个生长季节内含有 479t 的碳。当这些藻类死亡或是被食用时，其中的大部分碳还将重新进入大气。

7.2　南极藻类信息提取及分布

7.2.1　遥感雪藻探测研究现状

单细胞藻类在雪粒间的融水中繁盛，在融水季节形成水华（Hoham and Remias，2020）。世界范围内高山和极地雪场上的雪藻水华，根据物种的不同，使雪呈现绿色、橙色或红色。除了南极洲和格陵兰岛之外，欧洲、亚洲和美洲的苔原地区也可以找到雪藻。由于雪藻通过光合作用产生有机物，因此可以使雪的反照率降低，进而导致雪的融化速率增加（Fiołka et al.，2020）。正因为如此，雪藻监测不仅是气候变化监测领域的重要研究课题，也是分析南极冻融的有效工具。这些藻类只会出现在冰雪融化的可居住地区，而不是完全冰冻的地区，一项研究估计，红雪藻大量繁殖导致的反照率降低的影响高达 13%（Fiołka et al.，2020）。因此，研究红雪藻的时空趋势和分布可以作为研究融雪的额外指标。此外，作为一种具有独特光谱特征的植被，还可以使用其他形式的数据来评估雪地藻华，来作为关注雪和冰反照率的传统指标的替代方案。

一些研究从生物学和气候科学的角度对冰川环境中的雪藻进行了研究。Havig 和 Hamilton 等（2019）研究了生活在火山冰川中而不是沉积裸露基岩上的雪藻，关注了雪藻如何影响其中的微生物群落。他们的结果表明，雪藻不仅会降低反照率，而且生物质会进入微生物，产生二氧化碳，导致碳酸的产生，从而加剧岩石–水–冰界面的风化。Lutz 等（2016）除了展示雪藻对反照率的影响外，还深入了解了雪藻的地理构成。他们发现，雪藻遍布全球，而藻华中的细菌则往往具有地域性。此外，他们的文章表明，由于雪藻，北极相关区域在整体融化季节的 100 天内反照率下降约 13%，局部单一时间点反照率下降高达 20%（Lutz et al.，2016）。这些研究为气候变化研究提供了十分有用的实地探测统计数据。

然而，考虑到雪藻的生长周期较为短暂、生长区域分布不均匀且实地观测条件恶劣，对雪藻进行及时可靠的观测存在较大的困难，尤其是大面积的观测和测量。遥感技术的发展为大范围、动态监测雪藻提供了一种有效方法，能够用于跟踪南极洲红色和绿色雪藻水华的程度和持续时间，为认识南极雪藻的分布与生物量提供了有价值的见解。

多光谱遥感是监测和绘制南极洲陆地生物圈的重要手段（Stamnes et al.，2007；Fretwell et al.，2011）。由于粉尘等其他吸光因子的存在，生物成分的检测仍然具有挑战性（Huovinen et al.，2018）。利用机载多光谱遥感数据，Painter 等（2001）结合叶绿素在 680 nm 波段的吸收特征，首次绘制雪藻。随后，SPOT 和 Landsat-8 等多光谱卫星数据的红/绿波段比值被应用于藻类信息提取，并在裸露岩石和土壤暴露有限的区域取得了良好的效果（Takeuchi et al.，2006；Ganey et al.，2017；Hisakawa et al.，2015）。光谱混合分析方法的应用获得了更高的准确性和更少的误报（Lutz et al.，2016）。

近年来，基于遥感数据的南北极藻类分布研究被广泛开展。在北极格陵兰岛，Wang 等（2018）基于 Sentinel-3 卫星影像，利用 709 nm 和 673 nm 之间的反射率比值绘制了冰川藻类的空间分布。在南极半岛，利用光谱混合分析方法，Sentinel-2 卫星影像被用于雪藻提取研究（Huovinen et al.，2018；Gray et al.，2020）。Huovinen 等（2018）将雪藻的光反射率与其他光吸收杂质进行比较，重点关注了菲尔德斯半岛、乔治王岛和南极海域的雪和雪藻的情况（Fiołka et al.，2020）。Segawa 等（2018）利用 Sentinel、Landsat 和 MODIS 遥感数据分析了加拿大两个冰川中雪藻的分布情况。研究发现，雪藻覆盖了 31% 的冰川，其大量繁殖发生在夏季，并在 7 月达到高峰。这些研究为雪藻和融雪的研究提供了宝贵的范例。

7.2.2　雪藻含量遥感探测机理与提取方法

雪藻一般是利用细胞内的虾青素、叶绿素在可见光/近红外波段的吸收特征被识别的。绘制雪藻分布范围、区分不同颜色的雪藻、量化雪藻细胞浓度依赖于遥感影像的光谱分辨率与空间分辨率。目前，常用方法可以采用 Gray 等（2020）所提出的模型，具体机理与提取方法见下文。

雪藻能够降低雪的反照率，含有藻类的雪比干净的雪吸收更多太阳辐射。在含藻类的雪野外光谱反射率测量实验中，与不含藻类的雪相比，在雪藻斑块上可以观察到反射率因子强度的显著变化。不同雪藻，干净的雪和含有矿物粉尘的雪的反射率因子强度变化如图 7.3 所示。

实验表明，含有藻类的雪在 0.55μm 处显示类胡萝卜素吸收，在 0.68μm 处显示叶绿素吸收。类胡萝卜素和叶绿素的吸收特征为检测雪中的藻类提供了杠杆。在藻类浓度较低时（小于约 5000 细胞数/mL），类胡萝卜素在 0.5μm 以下的宽吸光度特征类似于矿物粉尘对雪的反射率光谱的影响，从而混淆了用于检测雪藻的模型。叶绿素在约 0.68μm 波长处的吸收特性是含藻雪独特的生物学特性，包括叶绿素 a 在波长 0.68μm 附近的吸收和叶绿素 b 在波长 0.65μm 附近的吸收，以前者为主。因此，叶绿素在 0.68μm 处的吸收特性与藻类浓度具有相关性，随着藻类浓度的增加而增加，尤其在绿藻的检测中效果更好。叶绿素可以作为绿藻检测的一个很好的指标。

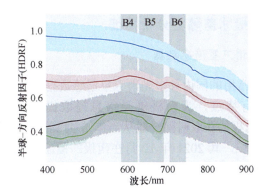

图 7.3 不同类型雪藻及雪反射率因子
绿线代表绿色雪藻；红线代表红色雪藻；蓝线代表干净的雪；黑线代表含有矿物粉尘的雪

在此基础上，Painter 等（2001）提出了使用缩放积分方法来量化遥感图像中的绿雪藻，这将像素内的光谱反射率剖面与叶绿素吸收联系起来。Painter 的方法是基于雪藻野外光谱数据、高光谱遥感影像与野外雪藻细胞浓度测量数据，通过将叶绿素吸收的积分按其连续值进行缩放获得叶绿素吸收特征值，建立叶绿素吸收特征值与雪藻细胞浓度的回归模型，最终实现利用遥感影像估计雪藻生物量的目标。其核心公式为

$$I_{\text{B4}} = \int_{I_{\text{B3}}}^{I_{\text{B5}}} \frac{R_{\text{Cont}_{\lambda_{\text{B4}}}} - R_{\text{Snow}_{\lambda_{\text{B4}}}}}{R_{\text{Cont}_{\lambda_{\text{B4}}}}} \mathrm{d}\lambda \tag{7.1}$$

式中，I_{B4} 为波段 4 的积分；$R_{\text{Cont}_{\lambda_{\text{B4}}}}$ 为波段 3 和波段 5 之间连续谱的 HDRF，根据波段 4 的中心波长插值；$R_{\text{Snow}_{\lambda_{\text{B4}}}}$ 为波段 4 的测量 HDRF；$\lambda_{\text{B}n}$ 为波段 n 的中心波长。

如 Painter 等人所述，I_{B4} 与光谱仪视场内测量的藻类细胞浓度呈现线性关系，这种线性关系对于卫星遥感的波段数据和藻类细胞浓度同样成立。因此，可以将 Sentinel-2 影像的 I_{B4} 与对应区域的雪藻细胞浓度建立线性回归模型，从而得到雪藻细胞浓度，参考 Gray 等（2020）的方法，本书所采用的计算公式如下：

$$雪藻细胞浓度 = \left(I_{\text{B4}} \times 302067\right) + 4393 \tag{7.2}$$

由于利用 Painter 等提出的放缩积分法得到的叶绿素吸收特征值应用于 Sentinel-2 图像会产生假阳性，尤其是对于其他陆地植被、裂隙区和混合像素。使用 Gray 等（2020）提出的滤波函数对 Sentinel-2 影像进行处理可以掩盖这些噪声，不会滤除纯绿色雪藻像素：

$$\begin{aligned} &(\text{B2} \geq \text{B5})\,\text{OR}\,(\text{B2}>\text{B3})\,\text{OR}\,(\text{B2}>1)\,\text{OR}\,(\text{B11}>0.15)\,\text{OR} \\ &(\text{B2}<0.3\,\text{AND}\,\text{B8}<0.25)\,\text{OR}\,(\text{B8}<\text{B8a})\,\text{OR}\,(\text{B4}>0.5) \end{aligned} \tag{7.3}$$

7.2.3 遥感观测南极冰盖藻类分布特征

1. 南极常用多光谱卫星遥感数据

表 7.1 给出目前常用的国内外多光谱卫星遥感数据及其基本参数。这些数据在雪藻观测方面各有特点，为南极藻类信息提取提供了丰富的数据源。以 Sentinel-2 为例，在南极的获取时间一般从当年 8 月到次年 4 月，遥感影像覆盖 60°S～85°S 的南极区域，其 2021 年 12 月在南极的覆盖范围如图 7.4 所示，可以覆盖环南极冰盖的区域，雪藻的暴发区域也主要发生在这里。

表 7.1 南极常用高分辨率卫星遥感数据

卫星	多光谱/全色空间分辨率（星下点）/m	重访周期/天	发射时间（年.月）
Sentinel-2A	20	10	2015.06
Sentinel-2B	20	10	2017.03
Landsat-8	30/15	16	2013.02
SPOT-6	6/1.5	5	2012.09
SPOT-7	6/1.5	5	2014.06
WorldView-2	1.85/0.46	3.7	2007.09
资源三号	5.8/2.1	5	2012.01
高分一号	8/2	4	2013.04

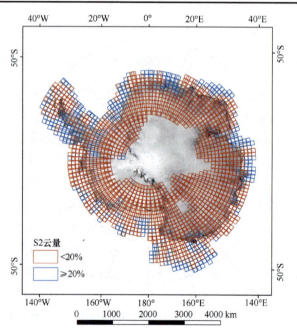

图 7.4 哨兵 2 号南极覆盖范围

值得注意的是，可见光/近红外遥感在南极地区面临着极夜和多云气候带来的挑战。南极的冬季处于极夜中，卫星无法拍摄到可见光/近红外的遥感影像。南极沿岸多受到多云天气影响，尤其是南极半岛地区。与南极大陆相比，南极半岛纬度比较低，气候相对温暖，受到西风带影响，降水比较多，生物资源丰富，但云量较高，给光学遥感监测带来了极大的困难与挑战。图 7.4 中橙色方框为云量低于 20%的影像覆盖范围。

2. 南极冰盖藻类分布分析

图 7.5 标明了南极雪藻面积比例在南极不同的典型地区和冰架的分布情况，包括南极半岛、Brunt 冰架、Fimbul 冰架、Amery 冰架、Mertz 冰架、Cook 冰架、Rennick 冰架、Getz 冰架等。在南极的暖季，雪藻广泛分布于南极冰盖上，重点分布在南极冰盖沿海区域，受动物活动区域与冰盖融雪程度影响。根据 2018 年12 月～2022 年 4 月可获得的 Sentinel-2 遥感影像，分析发现，东南极洲和西南极洲冰盖中的雪藻生长趋势较为一致。整体来看，南极冰盖中的雪藻每年 9 月已出现，雪藻细胞浓度逐月上升，在 12 月达到极大值，之后开始下降。在 2021/2022年融化季中，2021 年 12 月之后，藻类细胞浓度下降尤为明显。部分冰架上的雪藻细胞浓度在次年的 3 月或 4 月出现明显的回升（图 7.6）。局部地区在个别月份

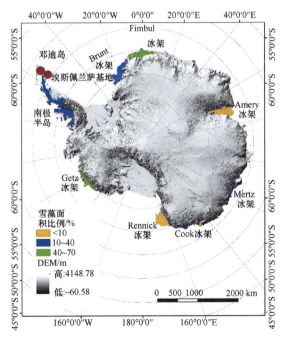

图 7.5　南极雪藻面积比例

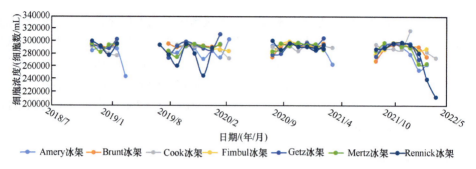

图 7.6　南极冰架上的雪藻密度周期变化图

与冰盖雪藻的整体生长趋势产生较大差异。例如，分布在 120°E～170°E 的 Cook 冰架、Mertz 冰架、Rennick 冰架的雪藻细胞在 2019 年 10 月含量下降，随后又很快回升至高于 9 月细胞浓度的水平。

Gray 等（2020）研究指出，在一个融雪季节内，覆盖 1.9km² 的南极半岛的绿雪藻大量繁殖，主要分布在沿海雪地中。南极半岛与奥茨地区域的藻类生长区域除了受到温度、融雪、营养物质的影响，还受到地形影响。藻类更稳定地分布在较平坦的雪面上，倾斜角度大于 30° 的坡面与地形复杂山区不利于藻类的生长。与南极冰架上的藻类群落相比，在南极半岛与奥茨地区域内，不同的藻类群落生长趋势与细胞浓度随季节变化的差异更加复杂。其典型区域的藻类分布参见图 7.7、图 7.8。

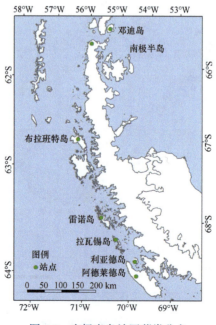

图 7.7　南极半岛地区藻类分布

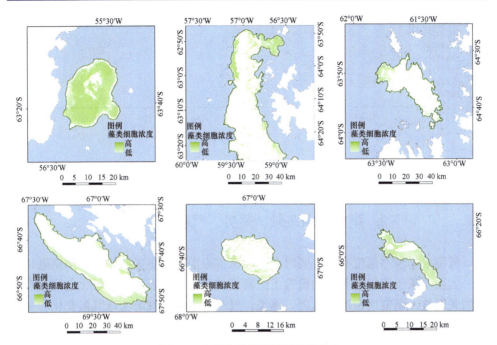

图 7.8　南极半岛典型区域藻类分布

2018 年 8 月～2022 年 4 月的 4 个融雪季节内,根据可获得的遥感影像分析发现,南极半岛在 2019 年 8 月与 2021 年 8 月已有雪藻繁殖,且雪藻繁殖的每个周期都持续到第二年的 4 月。南极半岛雪藻繁殖的细胞浓度(图 7.9)与纬度之间没有明显的关联。而南极半岛地区不同典型区域雪藻在融化季的时间序列变化之间的模式存在明显的不同,奥茨地区域(图 7.10)除 2019 年 8 月的异常值外,在融化季的变化不显著。

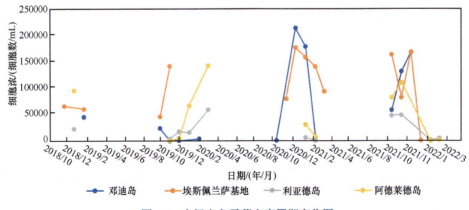

图 7.9　南极半岛雪藻密度周期变化图

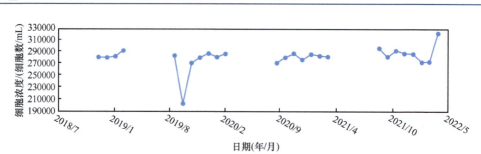

图 7.10　奥茨地雪藻密度周期变化图

7.3　南极冰盖冻融、藻类、气温关联性分析

雪藻的暴发与温度有关，同时会引起冰雪表面吸收更多的热量，加剧融化过程。主要生长于南极冰盖表面覆雪上的南极雪藻与冰盖表面雪的融化之间具有较强的关联性。研究南极冰盖冻融、藻类、气温对于深入理解全球气候变化和多圈层相互作用具有重大意义。

本节将利用遥感获取的雪藻和冻融分布信息，分析雪藻暴发区域的冻融情况，并结合温度数据探索南极冰盖冻融、藻类和气温三者之间的关联性。藻类信息提取利用 7.2.2 节描述的方法获取，并利用第 4 章介绍的南极冰盖表面冻融探测方法，统计藻类集中暴发区域相同时间的冻融分布情况，温度时间序列数据来自英国南极调查局（BAS）的南极环境研究参考数据库（Reference Antarctic Data for Environmental Research，READER）数据集以及美国国家海洋和大气管理局（National Oceanic and Atmospheric Administration，NOAA）的国家环境信息中心（National Centers for Environment Information，NCEI）的历史天气数据。选取的时间段为 2018 年 8 月～2022 年 4 月的 4 个融雪季节。

7.3.1　雪藻群落地区的冻融分布情况

以南极奥茨地雪藻暴发区域为例，图 7.11 展示了 2019 年 10～12 月南极奥茨地雪藻暴发区域的冻融探测结果和藻类的分布情况，其中蓝色代表发生融化，灰色表示未融化，绿色代表探测到藻类的分布。根据图 7.11，在融化季，区域内 10 月开始融化，在当年 12 月融化最为强烈，和藻类的变化呈现出一定的时间一致性。此外，图 7.11 中显示，藻类分布整体同冻融分布具备一定空间一致性，但较为复杂，较难给出一致的统计特征，呈现出其相关性需要进一步的定量分析和描述。

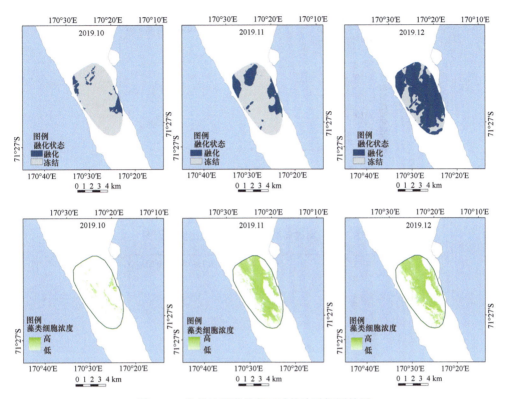

图 7.11 奥茨地藻类暴发区域的冻融探测结果

7.3.2 冻融与藻类的相关性

在南极选取具有较多藻类分布的位于南极半岛的邓迪岛和埃斯佩兰萨基地,以及奥茨地 3 个区域作为典型区域,进行冻融和藻类之间的相关性研究,选取区域内藻类像元数占总像元数的比例(以下简称藻类比例)、区域内藻类的平均细胞浓度(以下简称细胞浓度)以及发生融化的区域占整个区域的比例(以下简称冻融比例)作为代表因子进行冻融与藻类之间的相关性分析,其中,实心点为数据点,虚线为趋势线,浅色区域为 95%置信区间,r 代表皮尔逊相关系数。其结果如图 7.12~图 7.17 所示。

从图 7.12~图 7.17 中可以得到,在南极的不同典型区域,冻融与藻类之间的关联关系较为复杂。在邓迪岛区域,数据多集中于冻融比例很低(接近 0)或冻融比例很高(接近 1)的区域,数据质量一般且数据点较少,置信区间非常大,细胞浓度和藻类比例同冻融的 r 分别为 0.029 和 0.025,基本无相关。在埃斯佩兰萨基地同样存在这一问题,数据多集中于冻融比例很低或冻融比例很高的区域,

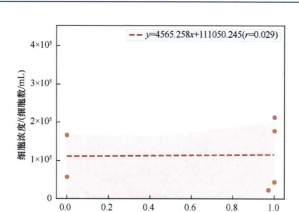

图 7.12　邓迪岛细胞浓度和冻融比例散点图

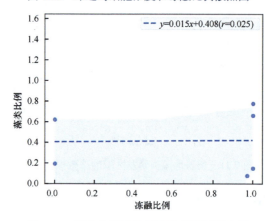

图 7.13　邓迪岛藻类比例和冻融比例散点图

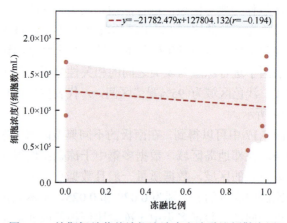

图 7.14　埃斯佩兰萨基地细胞浓度和冻融比例散点图

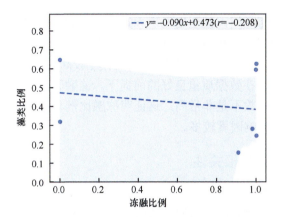

图 7.15　埃斯佩兰萨基地藻类比例和冻融比例散点图

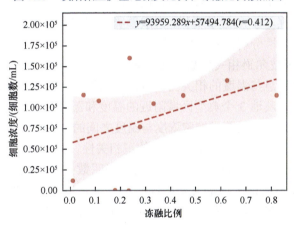

图 7.16　奥茨地细胞浓度和冻融比例散点图

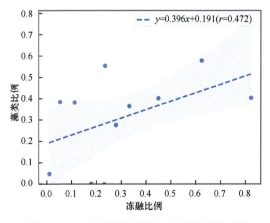

图 7.17　奥茨地藻类比例和冻融比例散点图

同样存在很大的置信区间，甚至出现了一定程度上的细胞浓度和藻类比例同冻融比例呈负相关（r 分别为–0.194 和–0.208）。而在奥茨地区域，数据质量和数据的分散性较好，细胞浓度和藻类比例与冻融比例存在较高的正相关性（r 分别为 0.412 和 0.472）。这表明，在数据质量良好的前提下，冻融和藻类之间会表现出一定的正相关性，但相关系数不是非常高，这证明冻融比例与藻类比例之间的关联性作用机理较为复杂，影响因素较多。

7.3.3 温度与藻类的相关性

    南极有着多个不同的气温站点，可以测量温度数据。由于南极站点较为稀疏，因此选择与 7.3.2 节研究冻融与藻类之间的相关性相同的站点周围存在藻类暴发现象的区域作为典型研究区（邓迪岛、埃斯佩兰萨基地以及奥茨地）进行温度与藻类的相关性研究。与 7.3.2 节类似，选取藻类比例和细胞浓度以及温度进行冻融与藻类之间的相关性分析，并以实心点为数据点，虚线为趋势线，浅色区域为 95% 置信区间，r 代表皮尔逊相关系数，其结果如图 7.18～图 7.23。

    从这些藻类信息与温度的相关图中可以得出较为明显的规律。邓迪岛、埃斯佩兰萨基地以及奥茨地 3 个典型区域附近的温度和藻类存在显著的正相关关系，并且不论是藻类比例还是藻类细胞浓度与温度之间的相关性均很强（r 均大于 0.7，属于强正相关），二者之间存在较为直接的正相关性。埃斯佩兰萨基地附近的温度和藻类数据之间的置信区间较宽、范围大，表明数据质量相对不好、离散性较强。而邓迪岛和奥茨地区域的置信区间较窄，可信度高的同时比起埃斯佩兰萨基地的 r 值更高（前两者分别为 0.9+，0.8+，而后者为 0.7+）。以上结论表明，相较冻融来说，温度和藻类之间的相关性更强，数据质量也更好，温度与藻类之间的强烈正相关性信度较高。

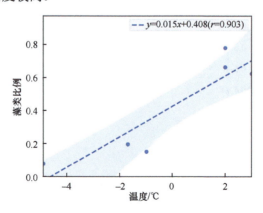

图 7.18 邓迪岛藻类比例和温度散点图

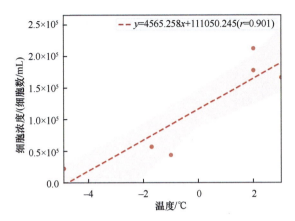

图 7.19　邓迪岛藻类细胞浓度和温度散点图

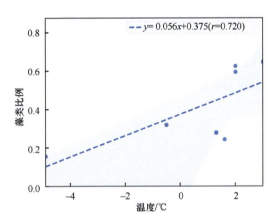

图 7.20　埃斯佩兰萨基地藻类比例和温度散点图

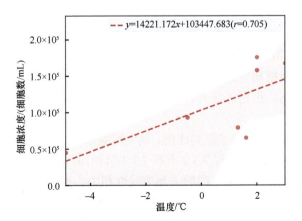

图 7.21　埃斯佩兰萨基地藻类细胞浓度和温度散点图

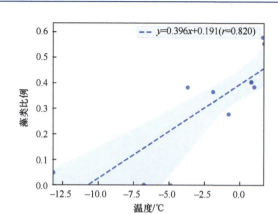

图 7.22　奥茨地藻类比例和温度散点图

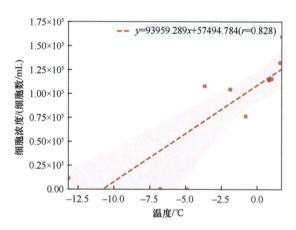

图 7.23　奥茨地藻类细胞浓度和温度散点图

7.3.4　冻融、藻类、气温三者的关联分析

综合 7.3.2 节和 7.3.3 节的结果，可以认为，在 2018 年 8 月～2022 年 4 月的 4 个融雪季节，在数据质量好的前提下，冻融与藻类呈现正相关关系，而温度与藻类的相关程度更高，也更加显著。本节中，我们将 3 个区域的数据组合起来，研究其关联关系。

图 7.24 和图 7.25 显示了藻类比例、藻类细胞浓度、温度与冻融比例相关性分析的结果。数据具体的含义与 7.3.2 节和 7.3.3 节相同。在使用皮尔逊相关系数时，默认假设藻类、温度和冻融之间的关系为线性相关。而结果显示，温度与融化像素的相关系数为 0.6，两者之间存在较强的线性相关关系，而区域内的藻类比例与温度的相关系数为 0.67，呈现很高的正相关，而藻类比例与冻融、细胞浓度与

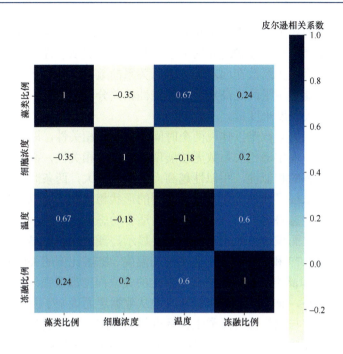

图 7.24　冻融、藻类、温度的皮尔逊相关图

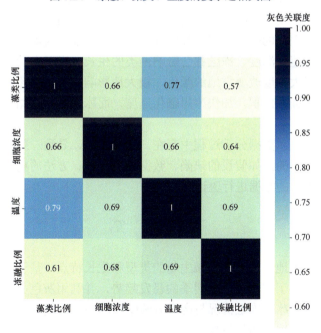

图 7.25　冻融、藻类、温度的灰色关联度图

温度和冻融之间的相关系数都低于 0.3，呈现较弱的相关性。这意味着细胞浓度与温度和冻融、藻类比例与冻融之间的关系极有可能不服从线性相关，需要进一步分析。由于皮尔逊相关系数在面对具有滞后关系的数据时往往效果不佳，从定义的理论上来说只能适用于满足高斯分布的线性相关分析，存在一定的缺陷，所以接下来改用灰色关联度来度量。

传统皮尔逊相关系数难以体现两个时间序列的互相关性，即当两组时间序列存在滞后关系时，皮尔逊相关系数无法展现两者间的相关性，而灰色关联度能够体现数据曲线形态的相似性，相似性越高，系数值越大，两条时间曲线的形态和走势越相近，可以很好地确定两个时间序列的形状相似度；灰色关联度分析对于一个系统发展变化态势提供了量化的度量，适合动态历程分析。将藻类作为参考序列，温度与融化面积作为比较序列，结果显示，藻类比例与温度、冻融比例的关联系数分别为 0.77 和 0.57，而细胞浓度与温度、冻融比例的关联系数也分别高达 0.66 和 0.64，即藻类与温度、藻类与融化的关联程度都很强，时间曲线间的几何形状差别程度小，具有较大的相似性，这从数据层面说明了三者变化的趋势相近，也表明了温度与融化都对藻类生存具有相当大的影响。实际上，融化数据也代表了藻类生存环境的含水量，与温度一同是藻类生长繁殖的重要因素。另外，皮尔逊和灰色关联度的结果同样表明，温度与藻类之间的相关性要强于冻融。

实际上，当温度上升时，藻类复苏并开始繁殖，而温度升高，雪地融化面积也会随之增加，积雪的融化使得藻类生存环境水分增多，为藻类的繁殖提供了水分，藻类生长增速，温度、冻融都会影响藻类的生长；当雪中的藻类繁殖到达一定程度时，会很大程度改变雪地的颜色，极大地影响了雪地反照率，促进了冰雪融化，改变区域冻融面积，加快冰川融化速度，而冰川融化会加剧气温上升。三者相互影响。

必须承认的是，数据分析过程中存在一定的不足，导致一些结果出现偏差，原因可能是多方面的，如假设的缺陷、数据的可靠性、方法的精度以及融化的滞后性等，需要更多的数据进行验证。

7.4 小　结

本章介绍了极地雪冰藻类与微生物的类型和生长特点，基于遥感影像对南极雪藻的监测，描述了南极雪藻在暖季的暴发趋势，并利用灰色关联度和皮尔逊相关系数分析了南极冰盖冻融情况与南极雪藻生长趋势的关联性。

藻类是极地雪冰生境的重要初级生产者。生长在冰川表面的雪藻生物量与冰川表面消融程度呈正相关。雪藻的大量繁殖会降低冰川表面反照率，同时微生物呼吸会增加冰川表面温度，进一步加速冰川消融。

卫星遥感监测发现，雪藻广泛分布于南极冰盖。在卫星遥感可以监测到的周期中，8 月已有可观察到的雪藻出现，雪藻的生长一直持续到次年 4 月。在每个生长周期中，雪藻细胞浓度往往在 12 月左右达到最高。部分地区的雪藻在 3 月、4 月细胞浓度明显上升。

对 2018 年 8 月～2022 年 4 月 4 个融雪季节进行相关性分析的结果显示，雪藻生物量等雪藻含量的代表性因子均与温度和是否融化存在较为显著的正相关关系，并且温度因子的相关性更强。在传统的皮尔逊相关系数失效的情况下，使用灰色关联度进行度量取得了较好的效果，支持了温度、冻融与藻类存在较强正相关的结论，但仍然存在数据量较小等问题，在未来需要进行进一步的探索和研究。

参 考 文 献

刘晓波, 康世昌, 姚檀栋, 等. 2009. 各拉丹冬峰果曲冰川雪中细菌的季节变化特征. 冰川冻土, 31: 634-641.

向述荣, 姚檀栋, 陈勇, 等. 2006. 冰川微生物菌群分布的研究概况及其前景. 生态学报, 26: 3098-3107.

谢君, 王宁练, 陈亮, 等. 2009. 祁连山七一冰川及融水中细菌多样性的研究. 环境科学, 30: 2735-2740.

Anesio A M, Sattler B, Foreman C, et al. 2017. Carbon fluxes through bacterial communities on glacier surfaces. Annals of Glaciology, 51: 32-40.

Antony R, Grannas A M, Willoughby A S, et al. 2014. Origin and sources of dissolved organic matter in snow on the East Antarctic ice Sheet. Environmental Science & Technology, 48: 6151-6159.

Boetius A, Anesio A M, Deming J W, et al. 2015. Microbial ecology of the cryosphere: Sea ice and glacial habitats. Nature Reviews Microbiology, 13(11): 677-690.

Chrismas N A M, Anesio A M, Sanchez-Baracaldo P. 2015. Multiple adaptations to polar and alpine environments within cyanobacteria: A phylogenomic and Bayesian approach. Front Microbiol, 6: 10.

Edwards A, Douglas B, Anesio A M, et al. 2013. A distinctive fungal community inhabiting cryoconite holes on glaciers in Svalbard. Fungal Ecology, 6: 168-176.

Fiołka M J, Takeuchi N, Sofińska-Chmiel W, et al. 2020. Morphological and physicochemical diversity of snow algae from Alaska. Scientific Reports, 10(1): 19167.

Franzetti A, Tatangelo V, Gandolfi I, et al. 2013. Bacterial community structure on two alpine debris-covered glaciers and biogeography of Polaromonas phylotypes. ISME Journal, 7: 1483-1492.

Fretwell P T, Convey P, Fleming A H, et al. 2011. Detecting and mapping vegetation distribution on the Antarctic Peninsula from remote sensing data. Polar Biology, 34: 273-281.

Ganey G Q, Loso M G, Burgess A B, et al. 2017. The role of microbes in snowmelt and radiative forcing on an Alaskan icefield. Nature Geoscience, 10(10): 754-759.

Gawor J, Grzesiak J, Sasin-Kurowska J, et al. 2016. Evidence of adaptation, niche separation and microevolution within the genus Polaromonas on Arctic and Antarctic glacial surfaces. Extremophiles, 20: 403-413.

Gokul J K, Hodson A J, Saetnan E R, et al. 2016. Taxon interactions control the distributions of cryoconite bacteria colonizing a High Arctic ice cap. Molecular Ecology, 25: 3752-3767.

Gray A, Krolikowski M, Fretwell P, et al. 2020. Remote sensing reveals Antarctic green snow algae as important terrestrial carbon sink. Nature Communications, 11: 2527.

Havig J R, Hamilton T L. 2019. Snow algae drive productivity and weathering at volcanic rock-hosted glaciers. Geochimica et Cosmochimica Acta, 247: 220-242.

Hisakawa N, Quistad S D, Hester E R, et al. 2015. Metagenomic and satellite analyses of red snow in the Russian Arctic. PeerJ, 3: e1491.

Hoham R W, Remias D. 2020. Snow and glacial algae: A review1. Journal of Phycology, 56(2): 264-282.

Huovinen P, Ramírez J, Gómez I. 2018. Remote sensing of albedo-reducing snow algae and impurities in the Maritime Antarctica. ISPRS Journal of Photogrammetry and Remote Sensing, 146: 507-517.

Ji M, Kong W, Jia H, et al. 2022. Similar heterotrophic communities but distinct interactions supported by red and green-snow algae in the Antarctic Peninsula. New Phytologist, 233: 1358-1368.

Liu Y, Vick-Majors T J, Priscu J C, et al. 2017. Biogeography of cryoconite bacterial communities on glaciers of the Tibetan Plateau. FEMS Microbiology Ecology, 93: fix072.

Lobbes M, Nelemans P. 2013. Good correlation does not automatically imply good agreement: The trouble with comparing tumour size by breast MRI versus histopathology. European Journal of Radiology, 82(12): e906-e907.

Lutz S, Anesio A M, Edwards A, et al. 2017. Linking microbial diversity and functionality of arctic glacial surfac e habitats. Environmental Microbiology, 19: 551-565.

Lutz S, Anesio A M, Raiswell R, et al. 2016. The biogeography of red snow microbiomes and their role in melting arctic glaciers. Nature Communications, 7: 11968.

Painter T H, Duval B, Thomas W H, et al. 2001. Detection and quantification of snow algae with an airborne imaging spectrometer. Applied and Environmental Microbiology, 67(11): 5267-5272.

Segawa T, Matsuzaki R, Takeuchi N, et al. 2018. Bipolar dispersal of red-snow algae. Nature Communications, 9(1): 3094.

Stamnes K, Li W, Eide H, et al. 2007. ADEOS-II/GLI snow/ice products-Part I: Scientific basis. Remote Sensing of Environment, 111(2-3): 258-273.

Stuart R K, Mayali X, Lee J Z, et al. 2016. Cyanobacterial reuse of extracellular organic carbon in microbial mats. ISME Journal, 10: 1240-1251.

Takeuchi N, Dial R, Kohshima S, et al. 2006. Spatial distribution and abundance of red snow algae on the Harding Icefield, Alaska derived from a satellite image. Geophysical Research Letters, 33: 21.

Tanaka S, Takeuchi N, Miyairi M, et al. 2016. Snow algal communities on glaciers in the Suntar-Khayata Mountain Range in eastern Siberia, Russia. Polar Science, 10: 227-238.

Tojo M, Newsham K K .2012. Snow moulds in polar environments. Fungal Ecology, 5: 395-402.

Vimercati L, Solon A J, Krinsky A, et al. 2019. Nieves penitentes are a new habitat for snow algae in one of the most extreme high-elevation environments on Earth. Arctic, Antarctic, and Alpine Research, 51: 190-200.

Wang S, Tedesco M, Xu M, et al. 2018. Mapping the Spatial Distribution of Dark Ice and Ice Algae with Sentinel-3 Imagery over Southwest Greenland (Abstract). Washington D. C., USA: In AGU Fall Meeting 2018.

Xie S, Yao T, Kang S, et al. 1999. Climatic and environmental implications from organic matter in Dasuopu glacier in Xixiabangma in Qinghai-Tibetan Plateau. Science in China Series D-Earth Sciences, 42: 383-391.

Xing T, Liu Y, Wang N, et al. 2016. The physiological characteristics of culturable bacteria in Muztag, Yuzhufeng and Zadang Glaciers on Tibetan Plateau, China. Journal of Glaciology and Geocryology, 38: 528-538.

Yan P, Hou S, Qu J, et al. 2017. Diversity of snow bacteria from the Zangser Kangri Glacier in the Tibetan Plateau Environment. Geomicrobiology Journal, 34: 37-44.

Yao T D, Xiang S R, Zhang X J, et al. 2006. Microorganisms in the Malan ice core and their relation to climatic and environmental changes. Global Biogeochemical Cycles, 20: GB1004.

Yoshimura Y, Kohshima S, Ohtani S. 1997. A community of snow algae on Himalayan glacier: Change of algal biomass and community structure with altitude. Arctic and Alpine Research, 29: 126-137.

Zhang W, Zhang G, Liu G. 2012. Diversity of bacterial communities in the snowcover at Tianshan Number 1 Glacier and its relation to climate and environment. Geomicrobiology Journal, 29: 459-469.

Zhang X, Ya T, An L, et al. 2006. A study on the vertical profile of bacterial DNA structure in the Puruogangri(Tibetan Plateau)ice core using denaturing gradient gel electrophoresis. Annals of Glaciology, 43(MosleyThompson E & Thompson LG, eds.), 43: 160-166.

第 *8* 章

思考与展望

8.1 南极冰盖变化与地球大数据

地球科学研究新的发展方向强调以地球系统科学知识发现为目标的整体研究。地球系统指由大气圈、水圈、岩石圈和生物圈组成的相互作用、相互耦合的复杂系统。地球系统科学的研究专注于圈层系统之间的相互作用、地球系统的运转机制和变化机理研究。在地球大数据时代，通过数据密集型研究范式来挖掘地球科学领域的大数据价值、发现地球系统科学的深层次知识成为可能。

对于地球科学领域来说，其普遍存在"数据丰富但知识贫乏"的现象，现有的地球大数据挖掘成果尚难以真正实现"未知知识"的发现，目前的成果多是领域专家所熟知的或者验证性、常识性的结果。如何真正地挖掘地球大数据的丰富信息内涵，发现背后暗含的、未知的知识，取得新的突破性的地球科学发现，是目前地球大数据挖掘面对的严峻挑战。此外，地球科学领域的多学科、跨学科问题，如全球变化、致灾机理等，需要地球表层多源数据的动态监测能力和对资源环境格局与发展潜力的宏观科学认知，从而提供以可持续发展为目标的决策支持。因此，需要采用以知识为导向、以数据密集型研究方法为依托的地球科学研究新范式——地球大数据科学，进行集成和创新，发现学科融合的新型地学知识。

随着遥感等观测技术的不断进步和地球大数据的广泛应用，地球科学家们在南极冰盖研究领域的科学发展变得更加令人振奋。地球大数据的应用将促进地球科学与数据科学、人工智能等领域的交叉合作，通过结合不同领域的专业知识和技术，研究人员可以开发新的数据分析方法和模型，从而更好地揭示南极冰盖的变化机制和影响。未来，地球大数据将在许多方面为南极冰盖研究带来新的可能性和深刻的洞见。

地球大数据的价值在于将来自不同传感器、设备和数据源的信息整合起来。将卫星遥感数据、地质、气象、海洋和地球物理数据融合，提供更全面的南极冰盖研究视角，帮助科学家们深入理解冰盖与全球环境之间的复杂关系。随着卫星遥感技术的不断发展，我们预期将获得更高分辨率、更频繁的南极冰盖监测数据。这将使科学家们能够更准确地监测冰盖的变化、冰川流动和冰面特征。同时，地球大数据将帮助建立更复杂、更真实的数值模型，实现更加精细的建模，由此我们可以对南极冰盖的未来发展进行模拟和预测。这些模拟和预测结果可以帮助我们了解南极冰盖对全球气候变化的响应，以及可能对海平面上升和气候变化带来的影响，评估不同气候变化情景下南极冰盖的融化速度和海平面上升的幅度，可以为政府和决策者提供科学依据，制定应对气候变化的策略和措施。除此之外，地球大数据还可以帮助我们研究南极冰盖与其他地球系统的相互作用，如海洋环流、大气环流和陆地水文循环等。通过综合分析这些数据，我们可以更好地理解南极冰盖变化的机制和影响因素。地球大数据还可以帮助我们更好地管理和保护南极冰盖。通过对大量的观测数据进行分析，我们可以了解南极冰盖的脆弱性和脆弱区域，以及可能导致冰盖破裂和崩溃的因素。这些信息可以帮助我们制定保护南极冰盖的政策和措施，减少人类活动等对冰盖的影响。地球大数据的应用将有助于更准确地预测海平面上升趋势，帮助政府和国际社会制定适应性政策和措施，以减缓和应对这些挑战。最后，地球大数据可以帮助将南极冰盖的研究成果以更生动、直观的方式呈现给公众。通过可视化技术和科普内容，人们可以更好地了解南极冰盖的重要性，促进社会对环境保护的关注和参与。

综上所述，地球大数据的不断发展和应用将为南极冰盖研究带来更广阔的前景。通过整合多源数据、跨学科合作和创新技术，我们有望深化对南极冰盖变化过程和机制的理解，更准确地预测南极冰盖未来的发展趋势，为更好地保护南极冰盖以及应对全球气候变化等重大挑战提供更坚实的科学依据。然而，我们也要意识到，南极冰盖变化是一个复杂而多变的过程，需要进一步的研究和观测数据的支持。只有不断积累和应用地球大数据，才能更好地理解和应对南极冰盖变化带来的挑战。

8.2　南极冰盖变化与可持续发展目标

可持续发展目标（SDGs）是联合国于 2015 年通过的一项议程，旨在推动全球范围内的可持续发展，解决诸如贫困、饥饿、健康、教育、性别平等、清洁水源、可持续能源、气候变化等一系列重要问题。这一议程包含了 17 个具体的目标，涵盖社会、环境和经济等多个领域，旨在在 2030 年前实现。南极冰盖研究与可持续发展目标密切相关，因为南极冰盖的变化和影响涵盖了可持续发展议程的多个方面。

当谈论南极冰盖研究与可持续发展目标的关系时，不难看出这两者之间的紧密联系。南极冰盖是地球上最大的冰盖之一，其变化对全球范围的可持续发展议程产生广泛影响。

南极冰盖蕴含着大量的淡水资源，然而其大规模融化将导致海平面上升，从而可能导致沿海地区被淹没、海岸被侵蚀、淡水资源受到威胁以及生态系统受到破坏，威胁沿海城市和社区的可持续发展，这需要考虑"可持续城市和社区"目标（目标 11），这也同样可能引发贫困问题，对应了可持续发展目标中的"无贫穷"目标（目标 1）。同时，南极冰盖的融化也将影响海洋生态系统，进而影响渔业资源，从而可能加剧饥饿问题，这与"零饥饿"目标（目标 2）相关。因此，为了实现可持续发展目标，我们需要采取措施减缓南极冰盖的融化速度，同时加强沿海地区的适应能力，保护生态系统并确保人类社会的可持续发展。

与此同时，南极冰盖的融化与气候变化有着紧密联系。气候变化主要由化石燃料排放引起，而可持续能源的推广可以减少化石燃料的使用，从而减缓南极冰盖的融化速度，这反映了"经济适用的清洁能源"目标（目标 7）。此外，南极冰盖是全球气候系统的重要组成部分，其变化对全球气候模式和气候变化的预测具有重要意义。南极冰盖的融化会释放大量的淡水和温室气体，进一步加剧全球气候变化。为了实现可持续发展目标，我们需要减缓南极冰盖的融化速度，控制温室气体的排放，并采取适应措施应对气候变化的影响，为全球社会提供更有力的气候变化应对策略，进而影响到"气候行动"目标（目标 13）的实现。

另外，南极是一个独特的生态系统，是许多独特和珍稀物种的栖息地，其变化可能导致物种灭绝和生态系统遭到破坏。为了实现可持续发展目标，我们需要保护南极冰盖及其周边生态系统，加强对物种的保护和管理，并采取措施减少人类活动对生态系统的破坏，这与"陆地生物"目标（目标 15）相关。南极冰盖的研究需要跨足多个学科，促进跨学科合作和技术创新。未来的研究将鼓励地球科学、气象学、工程学等领域的专家共同合作，借助遥感技术、人工智能、大数据分析等新技术，更全面地监测和解读冰盖的变化。这将有助于"产业、创新和基础设施"目标（目标 9）的实现，推动科技创新和基础设施的可持续发展。

在南极冰盖研究中，公众教育和科学传播也至关重要。通过可视化、教育活动和科普信息，研究成果可以传达给广大公众，激发更多人参与可持续发展的行动。这与"可持续城市和社区"目标（目标 11）息息相关，将促进社会对可持续发展的认识和行动。

南极冰盖的融化对全球社会、经济和环境产生深远影响，这需要制定和实施跨国合作的政策。南极冰盖研究为政策制定者提供了重要信息，为应对气候变化等挑战提供了指导。这与"和平、正义和强大机构"目标（目标 16）密切相关，将推动国际合作，以实现可持续发展的目标。

综上所述，南极冰盖研究不仅为我们深入了解气候变化提供了关键的线索，同时也与可持续发展目标紧密相连。为了实现可持续发展，我们需要采取措施减缓南极冰盖的融化速度，加强沿海地区的适应能力，控制温室气体的排放，并保护南极冰盖及其周边生态系统。同时，我们还需要加强科学研究，深入了解南极冰盖变化的机制和影响因素，为制定可持续发展的政策和措施提供科学依据。只有通过全球合作和共同努力，才能实现可持续发展目标，并确保南极冰盖及其对全球生态系统和人类社会的重要作用得到保护和可持续利用，促进全球社会、环境和经济的可持续发展。同时，应该注意的是，南极冰盖研究仍然存在许多未知领域，如冰下湖泊和地质构造等。未来的探索将拓展人类认知的边界，推动科学发展，为我们揭示更多有关地球和气候系统的奥秘。南极冰盖研究在未来将持续发挥关键作用，为实现可持续发展目标提供科学支持、政策指导和社会动力，为地球的可持续未来奠定坚实基础。